儿童心理承受能力养成课

ERTONG XINLI
CHENGSHOU NENGLI
YANGCHENGKE

珊瑚海 / 著

天津出版传媒集团

天津科学技术出版社

图书在版编目（CIP）数据

儿童心理承受能力养成课 / 珊瑚海著. -- 天津：天津科学技术出版社，2019.9
 ISBN 978-7-5576-6277-6

Ⅰ. ①儿… Ⅱ. ①珊… Ⅲ. ①儿童心理学②儿童教育—家庭教育 Ⅳ. ①B844.1②G782

中国版本图书馆CIP数据核字(2019)第069348号

儿童心理承受能力养成课
ERTONG XINLI CHENGSHOU NENGLI YANGCHENGKE

责任编辑：胡艳杰

出　　版	天津出版传媒集团 天津科学技术出版社
地　　址	天津市西康路35号
邮　　编	300051
电　　话	（022）23332695
网　　址	www.tjkjcbs.com.cn
发　　行	新华书店经销
印　　刷	大厂回族自治县彩虹印刷有限公司

开本 880×1230　1/32　印张 6　字数 100 000
2019年9月第1版第1次印刷
定价：42.00元

前言
Preface

父母们都希望孩子可以生活在一个安全、理想化的世界里，可以得到保护，有一个美好的未来。可实际上，在孩子的人生道路上，他面临着各种压力和困难，如繁重的学业、微妙的同伴交往，如果孩子没有一颗强大的内心，就会很容易被击垮；同时，也很难在将来的事业中取得成功。

某儿童青少年卫生研究所公布的"中学生自杀现象调查分析报告"显示：5个中学生中就有1个考虑过自杀，占样本总数的20.4%，而为自杀做过计划的占6.5%。其根源都与儿童的心理承受能力差有关。

心理承受能力是一个人心理素质的重要组成部分。它是指个体对逆境引起的心理压力和负性情绪的承受与调节的能力，主要表现为对逆境的适应能力、容忍力、耐力、战胜力的强弱。

心理承受能力差的孩子会表现得畏畏缩缩、懦弱、焦虑、自卑，面对困难无法坚持，对自己不熟悉不擅长的领域能不触及就不触及，因为只有这样才能避免因失败而遭受心理打击。

相反，心理承受能力强的孩子，情绪稳定，意志顽强，积极进取，敢于冒险，乐于尝试新的领域，面对挫折和困难也能保持乐观，百折不挠，愈挫愈勇。

良好的心理承受力并不是与生俱来的，它需要经过后天的培养和磨炼。父母要想锻炼孩子的心理承受能力，就要从孩子小时候开始。

本书分别从培养孩子的抗挫折能力、独立意识、乐观心态、竞争意识等方面详细叙述了如何培养孩子的心理承受能力，给父母们提供了具体可行的方法和建议。书中还重点介绍了孩子在特殊情况下心理承受能力的养成，包括父母离异、被同学欺凌、亲人离世、家庭关系不和等情况。最后一章主要是呼吁父母们给予孩子足够的爱与陪伴，在孩子遇到挫折和困难时，父母的亲自指导，会让孩子感受更深的爱与陪伴。

作为父母，在呵护孩子身体的同时，更应该了解孩子的内心。本书将带您走进孩子的内心世界，发掘、分析孩子的心理、情绪，以帮助父母们培养快乐、自信、独立、心理承受能力强的孩子，让每个孩子的内心都变得强大！

目录
Contents

第一章 儿童心理承受能力养成,父母的人生必修课

被忽视的儿童心理承受能力 // 002

良好的心理承受能力,后天培养是关键 // 005

父母以身作则,帮孩子修炼强大的内心 // 009

孩子的心理承受能力也受身体健康的影响 // 011

第二章 "狠"下心来,让孩子在挫折中磨炼自己

适度创设挫折情境,给孩子磨炼的机会 // 016

舍得让孩子在社会实践中磨炼 // 020

让孩子学会跌倒了自己爬起来 // 023

引导孩子正确看待挫折 // 026

帮孩子分解目标,克服困难 // 030

让孩子体验成功,增强抗挫的自信 // 034

第三章 尽早独立，孩子才会拥有承受逆境的资本

放开孩子的手，给他创造独立的机会 // 038

把自主选择的权利还给孩子 // 043

不盲从、不依赖，让孩子学会独立思考 // 047

建立安全感，孩子才能摆脱依赖 // 051

授之以渔，培养孩子独立解决问题的能力 // 054

给孩子自由的成长空间 // 058

独立的孩子，也应学会寻求帮助 // 062

第四章 乐观心态，为孩子带来更强耐受力

孩子乐观，心理承受能力会更强大 // 066

教孩子换个角度看问题，会让他获得快乐 // 070

幽默感，让孩子笑对一切困难 // 074

让孩子不断地感受幸福和快乐 // 078

培养微笑，就是培养心理承受力 // 082

爱运动的孩子更乐观、开朗 // 085

 **第五章 强化心理素质，助孩子勇敢面对竞争压力**

强化竞争意识，让孩子勇敢面对挑战 // 090

发现孩子的优势，将其强化为核心竞争力 // 094

遵守规则，做到公平竞争才是胜者 // 097

培养孩子在竞争中的合作意识 // 100

竞争时代，怎样让孩子"输得起" // 104

谨防孩子陷入嫉妒的泥潭中 // 109

 **第六章 特殊情况，孩子心理承受能力的养成**

父母离异，应减少对孩子的心理影响 // 114

孩子被同学欺凌，及时解决问题很关键 // 118

亲人离世，正确引导孩子走出悲痛 // 122

家庭关系不和，实施家庭自我保养 // 126

重新组合的家庭，给孩子完整的爱 // 130

 **第七章 给予关爱，父母的陪伴让孩子不断成长**

缺少关爱的孩子，更容易出问题 // 134

父母要经常充当孩子的玩伴 // 137

朋友般相处，孩子更愿与父母分享内心的想法 // 140

孩子不合群？帮助他融入集体 // 145

孩子遭遇误会？引导孩子主动去消除 // 149

孩子被嘲笑？教给孩子有效应对的方法 // 153

 **附录**

测试一　您的孩子了解自己吗 // 158

测试二　儿童情绪健康自测 // 163

测试三　儿童抗挫折能力测试 // 169

测试四　您的孩子有足够的信心吗 // 172

测试五　儿童心理健康测试 // 176

 **后记**

家庭是儿童心理承受能力养成的起点 // 179

第一章

儿童心理承受能力养成，父母的人生必修课

心理承受能力差是如今孩子的普遍特征，这样的孩子往往表现为遇事过分焦虑、自卑、脆弱、悲观等，甚至还会离家出走或自杀。心理承受能力是一个人心理素质的重要组成部分，是判断一个人心理健康的标准之一。

孩子心理承受能力的强弱，关系到他以后生活是否幸福和事业是否成功。因此，培养孩子的心理承受能力，是父母人生的必修课。

被忽视的儿童心理承受能力

在现代家庭教育中,对孩子心理承受能力的培养常常是被忽视的重要内容。这是因为,许多父母在养育孩子时重视物质上的满足,而轻视品德上的教育,养育了不少"小皇帝""小公主"。他们在家衣来伸手、饭来张口,处处以自我为中心,自私、任性、霸道,从不考虑别人的感受,当他们真正开始面对生活、学习、人际交往中的困难和压力时,却往往承受不了一点儿挫折和批评,心理极其脆弱。

心理学研究表明,有两种人能经得起挫折的考验:一种是在逆境中成长起来的人;另一种是虽没经受过逆境,但从小受过良好的教育,心胸开阔、有坚强个性的人。

也就是说,经受过多次挫折、有坚强意志的人,心理承受能力比较强;而没受过一点儿挫折,意志薄弱、情绪稳定性较差的人,心理承受能力则比较差。

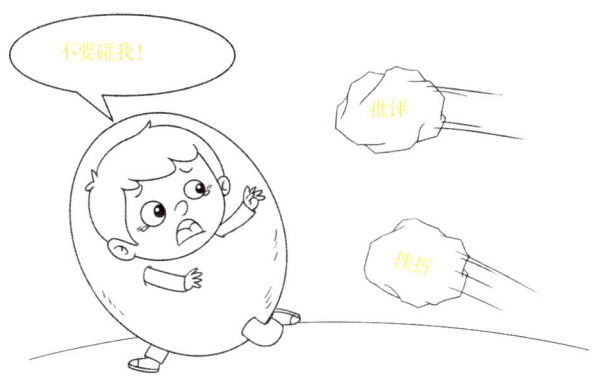

因此,父母不要一味地把孩子当成"小皇帝""小公主"捧,而要培养孩子良好的心理承受能力,这样才能让孩子拥有更加美好的人生。

在调研的过程中,我们发现了一些不利于孩子心理承受能力养成的做法。

(1)太宠爱孩子,不管孩子犯下多大的错误,都会耐心、温柔地回应他。

(2)看不得孩子哭闹。比如,当孩子的东西被别人抢了后开始大哭时,刚开始还会劝孩子,如果他还是不停地哭,就会大声斥责。

(3)对孩子的疼爱和关注较少,跟他聊天经常说类似这样的话:"我把希望都寄托在你身上了,一定要给我争口气,知道吗?"

(4)孩子在学走路的时候,总担心他摔倒而不放开他的小手。

(5)孩子遇到挫折的时候,总是替孩子担心,并会焦急地来到孩子身边,干净利索地帮他"摆平"。

(6)总是满足孩子的一切无理要求,孩子想要什么,总会很快答应下来。

(7)父母经常当着孩子的面吵架,吵架时还会提及孩子的事情。

不知道您在教育孩子的过程中是否有过类似的行为?如果有,您就应该认真思考一下:究竟怎样培养孩子的心理承受能力才是正确的选择?

给父母的话

孩子心理承受能力的养成应该从小开始。孩子只有从小具备良好的心理素质,将来他才能够在这个社会上如鱼得水,面对逆境时不沮丧、不灰心,以一种健康的心态去面对生活中的各种困难和挫折,做一个幸福快乐的人。

良好的心理承受能力，后天培养是关键

在大人的眼里，孩子的童年通常是一段奇妙的、无忧无虑的时光，不像大人有着诸多压力与责任的束缚。但是，大多数孩子在成长的过程中都会遇到各种各样的挫折和压力。比如输了一场比赛或成绩不理想而产生失落感；父母离异，被忽视；等等。

一些心理学家用"心理韧性"来形容一个人心理承受能力的大小。心理韧性强的人大多成就斐然，拥有良好的人际关系，自信并有很强的意志力等。但这些人的心理承受能力强并不是与生俱来的，而是通过多种方式、技巧等获得的。因此，父母不妨从以下几个主要方面来培养孩子的心理承受能力。

1. 营造和睦的家庭氛围

和睦的家庭氛围对于孩子心理承受能力的养成具有积极的作用。由父母带来的安全感能够让孩子形成健康的依恋关系。

2. 培养孩子的独立意识

儿童心理学家认为,孩子缺乏独立意识是其心理承受能力差的根源所在。因此,父母应尽量让孩子自己决定和处理自己的事。只要孩子能够做到,就让他自己拿主意,自己去做。

3. 让孩子从小接受挫折

"宝剑锋从磨砺出,梅花香自苦寒来",它告诫人们要想取得成功,有所作为,就必须要历经一番磨难和挫折,从而越挫越勇。在家庭教育过程中,父母要让孩子从小接受挫折,正确认识挫折。

4. 教孩子各种调节情绪的方法

在生活中,父母应教给孩子各种调节情绪的方法,比如让孩子学会运用语言或非语言的方式调节并适当表达自己的情绪。这对孩子保持心理平衡、增强心理承受能力具有重要的意义。

5. 体能训练,增强孩子的耐力

让孩子进行体能训练,这不但能增强孩子的体质,还能增强孩子的心理承受能力。但是,需要父母注意的是,体能训练必须让孩子坚持下去,形成习惯,不能三天打鱼,两天晒网。

6. 正确引导孩子多交朋友

朋友往往是孩子一生的财富。正确引导孩子多交朋友,孩子倾诉的对象就多，内心的压力就容易得到释放，从而使孩子的心理承受能力增强。

7. 让孩子懂得价值判断，学会放弃

在生活中，父母要让孩子学会价值判断的方法，懂得放弃，不能一根筋。坚持的付出和放弃的代价，怎么思考，怎么评判，只有让孩子的思维充满理性的光芒，他才会正确判断和选择。

8. 有目的地对孩子进行"心理操练"

孩子的心理和生理一样，需要通过一定的锻炼来促进其健康发展。父母可以有目的地开展一些"心理操练"，比如在孩子获取成功的时候设置一些难题，在孩子失败的时候给予鼓励，教育孩子要始终以平和的心态参与竞争，这样孩子才能经得起未来人生道路上的风风雨雨。

9. 有意识地增强孩子的自信心

研究表明，面对同一挑战和竞争条件，充满自信的人更容易成功。因此，父母给孩子制定的目标不要太高，而是要符合孩子的自身条件，让孩子能够在实现目标的过程中增强自信。

10. 培养孩子解决问题的能力

当孩子遭遇逆境时，父母应鼓励孩子，让其冷静下来，仔

细分析问题的来龙去脉,然后帮助孩子制订出解决问题的具体方案,这样才能帮助孩子走出逆境。因此,在生活中,父母要有意识地培养孩子解决问题的能力。

给父母的话

孩子良好心理承受能力的养成,需要父母以身作则,在生活中为孩子做好榜样,让他懂得如何正确面对和处理所遇到的挫折和困难。

父母以身作则，帮孩子修炼强大的内心

心理承受能力强的孩子，内心是强大的。教育学家认为，通常父母说孩子有问题，实际上是父母自己的问题。要培养孩子强大的内心，父母应先以身作则，正如列宁夫人克鲁普斯卡娅所说："家庭教育对父母来说，首先是自我教育。"家庭是孩子最基本的生活和教育单位，父母的一言一行、一举一动，都是孩子的模仿源。

1. 父母不要有绝对化的思维

在教育孩子的过程中，父母不要有绝对化的思维。比如，孩子考试考进了前10名，父母不应该这样说："下次一定要考进前5名，否则上不了好中学，以后就没有出路了。"

这种绝对性的话语会给孩子的心理带来很大的压力，久而久之，孩子的思维受父母的影响，会逐渐变得绝对化。孩子一旦考试失利或遭遇逆境，就容易情绪低落、内心痛苦，甚至表现出一

些极端的行为。平时,父母应尽量避开"必须""一定"等绝对性概念,培养孩子多渠道思考问题的习惯。

2. 要求孩子,也要求自己

父母要重视自己在孩子面前的榜样作用,凡是要求孩子遵守的行为准则和规矩,父母首先要做到,这样才能理直气壮地要求和督促孩子,也才能让孩子心服口服。

全天下的父母们,请认识到这世上独一无二的自己,坚持并守候属于自己的梦想,有面对一切的从容和豁达之心,做一个独立自由、充满激情的人吧。这才是教养的核心。和孩子一起修炼吧,教养不是一味地教和养,而是与孩子一起不断认识自己,修炼强大的内心。

给父母的话

父母双方的言传身教要保持一致。虽然在教育孩子时,夫妻双方发生分歧是在所难免的。但作为父母,一定不要忽视这种分歧,否则会伤害孩子的内心。

孩子的心理承受能力也受身体健康的影响

"健全的心灵寓于健康的身体",这句格言可追溯到罗马时代,而且历久弥新,到今天仍然适用。拥有健康不代表拥有一切,但失去健康就会失去一切。在培养孩子心理承受能力的同时,关注孩子的身体健康同样重要。否则,孩子的心理承受能力就会因身体的柔弱而变得脆弱。

那么，父母应如何使孩子的身体更健康呢？

1. 科学合理地安排孩子的三餐

父母给孩子补充营养固然重要，但是凡事都要有度，孩子吃得过多对身体也不好。父母在为孩子安排三餐的时候，一定要以清淡为主，而且营养要均衡全面，不可因为怕孩子吃不饱而一味地让孩子多吃。

平时饮食要坚持少食多餐。做法是将三餐的每一餐的分量减少，然后早餐尽可能早一点吃，午餐不要吃太多，到了下午三点左右，吃个小点心，到了晚餐时间也不要吃太多，晚上八九点再吃一点简单的水果或点心餐，这样一天的食物也就可以比较均衡地分布在二十四小时当中了。

2. 保证孩子充足的睡眠时间

孩子的睡眠很重要，每天睡眠时间要保证在8小时以上，这样才可以保证孩子的身体健康。长期睡眠不足的话，孩子就会出现营养不良的情况，也可造成孩子神经衰弱。

另外，父母要给孩子营造良好的睡眠环境。比如，晚上睡觉前，最好开一会儿窗户，以保持室内空气的流通；父母在孩子睡觉时，可以将灯光调得暗暗的；最好不要打麻将、唱歌或跳舞，否则会妨碍孩子睡觉，应尽量保证孩子在安静的环境下睡觉；床不能太软，太软的床不利于孩子骨骼的发育，所以最好用硬的或稍有弹性的钢丝床、木床或棕棚床。

3. 培养孩子热爱运动的习惯

孩子正处在成长阶段，适当的运动不仅能促进身体的发育，增强心肺功能，还能消耗脂肪，保持正常体重；运动也可以让孩子的头脑更加清醒，思维更加敏捷；同时，运动还可以改善孩子大脑的供血情况，对消除脑力疲劳、促进头脑清醒起着重要作用。罗曼·罗兰说："运动的好处除了强身之外，更是使一个人的精神保持清新的最佳途径。"

父母应根据孩子的年龄、兴趣爱好，帮孩子选择适合的体育运动。比如，父母可以带孩子去游泳，因为游泳不仅可以有效加强孩子的心肺功能，还能训练孩子的平衡能力。

另外，父母要注意，运动不是随意的，需要注意一些细节问题。第一，在运动前，父母应指导孩子进行适当的热身，不要让孩子一开始就投入剧烈的运动中；第二，正确的训练不仅指身体每个部位训练方式的正确性，还包括安排每项训练前后顺序的合理性。

4. 注意保护孩子的视力

视力的好坏不但影响着孩子日常的生活和学习，还影响着孩子的心理健康和未来的职业选择。儿童期是孩子眼球和视觉发育的成长期，从小保护好孩子的视力，可减少孩子因用眼不当而造成的视力下降，也可使许多由于发现晚而延误治疗的孩子的视力得到及时的矫正。

给父母的话

认为心理健康比身体健康重要，或身体健康比心理健康重要的都是错误的观点。父母只有同时关注孩子的这两个重要方面，才能真正地提高孩子的心理承受能力。

"狠"下心来，让孩子在挫折中磨炼自己

孩子的成长道路不可能是一帆风顺的，总会遇到这样那样的挫折。父母再爱孩子，也不可能代替孩子成长，所以应该让孩子独自去面对。只有经历各种挫折和磨难，孩子才会变得勇敢和坚强，才能成为未来的强者。

因此，父母要从小培养孩子的抗挫折能力。但要充分考虑孩子的年龄、性格、环境等因素，把握好挫折教育的度。

适度创设挫折情境，给孩子磨炼的机会

任何人的成长都要经历无数的挫折。如果孩子总是一帆风顺，那么一旦遇到困难，他就会情绪紧张，束手无策。美国一位儿童心理学家曾说："有十分幸福童年的人常有不幸的成年。"这样的孩子长大以后会因不适应激烈的竞争和复杂多变的社会而深感痛苦，经受不起一点小小的挫折。

因此，在日常生活中，父母应有意识地为孩子创设挫折情境，给孩子磨炼的机会，从而提高他对挫折的承受能力和对环境的适应能力。

对于这一方面，日本的父母进行了大量的尝试。他们经常有目的地给孩子设置一些障碍性活动，如冬天让孩子穿着单衣在雪地里锻炼，让孩子光着脚丫在布满碎石瓦块的地上走，或定期让孩子到艰苦的地方生活等，目的就是培养孩子的抗挫折能力。

这种有目的地、有计划地创设挫折情境，以培养孩子抗挫折能力的方法，可以弥补自然挫折情境下教育的不足。因为很多挫折是孩子在生活中不常遇到的，在没有一定心理准备的前提下，一旦他突然遇到这种未经历过的挫折，往往就会陷入困境。

当然，挫折也是一把双刃剑：一方面，它能够磨炼人的意志，使人更加成熟和坚强；另一方面，它也会使心理承受能力弱的人产生消极的情绪，如失望、痛苦，甚至使人一蹶不振。因此，父母在创设挫折情境时，应注意以下几个问题。

1. 要科学适度

父母在创设挫折情境的时候一定要科学适度。一方面要能让孩子感受到挫折，另一方面应循序渐进，逐步增加挫折的难度。注意创设的挫折难度不能超过孩子的实际承受能力，否则会使孩子产生严重的受挫感，失去克服困难的自信。

2. 让孩子尝试自己解决难题

当孩子遇到难题，请求父母给予帮助时，父母首先要给予孩子战胜困难的勇气和信心，然后让其尝试自己解决难题。

孩子独立解决难题的过程，就是学习正视挫折、克服挫折的过程。父母拒绝帮孩子解决时，孩子会面临较多的压力，在压力中，孩子会积极地去探索并寻求难题的解决方法。这样，孩子就会积累解决难题的经验，以后再遇到难题时就不会害怕了。

不过，对于深陷挫折情境而无法自拔的孩子，父母要及时进行疏导，必要时给予具体的解决方法，以避免孩子因受挫折而产生失望、痛苦等。

3. 要考虑孩子的特点

对提高孩子的心理承受能力来说，绝不是挫折越大越好，也不是越"苦"越锻炼人。不同的孩子对待同一挫折有着不同的心理反应，父母应根据孩子不同的心理水平和特点，设置不同难度的挫折项目，使之既有利于提高孩子积极、坚强的心理承受能力，又不超过每个孩子的心理承受度。

4. 要与鼓励、表扬相结合

当孩子克服了挫折时，父母要及时给予鼓励、表扬，强化孩子的积极行为，增强他的自信心和战胜困难的勇气。当然，在鼓励和表扬时，也要把握好分寸，不要因为孩子取得一点点进步，就给予他过分的物质奖励和赞美，而应让孩子更多地去享受成功后的心灵奖励。

给父母的话

挫折教育不单单是"通过设置挫折情境使孩子受到教育",或"生存教育""吃苦教育"。这些理解都是片面的。挫折教育的实质应是良好意志品质的培养。因为,一个人承受挫折能力的大小,最终还是在于他的意志品质的优劣。一个拥有良好的意志品质的人往往能够经受住各种挫折的考验。

舍得让孩子在社会实践中磨炼

"适者生存""优胜劣汰"的社会竞争法则是毫不留情的，父母再大的翅膀也无法护送孩子抵达理想的彼岸。这就有必要让孩子从小到社会实践中去磨炼，培养孩子的吃苦精神，提高孩子对挫折的承受能力和应对能力。苏霍姆林斯基曾说："让孩子动手，亲自参加实践，吃点苦，受点累，不但可以探究知识的奥秘，培养创新能力，而且有利于坚强意志和吃苦耐劳精神的养成。"

为了培养孩子克服困难的能力，牛牛的爸爸常让牛牛到社会实践中磨炼。

今年牛牛9岁了，爸爸很重视他的社会实践教育。一次，学校里比牛牛高一年级的同学要去郊外野营3天，还要自己学搭帐篷、寻找食物、做饭等。学校的这次活动被牛牛的爸爸知道了，他希望儿子能得到这次锻炼的机会,于是,牛牛的爸爸跑到校长的办公室,在他的一再恳求下,校长终于同意了。

可是,牛牛有些不高兴,因为他从来没有离开过爸爸妈妈那么久,而且在活动中连一个认识的人都没有。牛牛把自己的想法告诉给了爸爸,爸爸只说了这样一句话:"孩子,我相信你可以很好地解决野营过程中遇到的各种困难,祝你野营愉快。"最后,牛牛怕爸爸生气,只好硬着头皮去了。

在野营刚开始的时候,牛牛有些害羞,也不敢和哥哥姐姐们说话,但是经过他内心一次又一次给自己打气,他终于慢慢向他们开口说话了,并且越说越熟,还向大家学习搭帐篷、做饭等。

让孩子参加社会实践，可以锻炼他的生存能力，以及面对困难时想方设法解决困难的能力。同时，在社会实践的过程中，孩子不可避免地要与人接触、沟通，这能很好地锻炼孩子的人际交往能力。

但是，这需要父母"狠"下心来，舍得让孩子到社会实践中去吃苦、去磨炼。父母要知道，孩子的适应能力完全超出父母的想象，而且年龄越小，适应能力就越强。因此，父母担心孩子受不了苦是没有太大必要的。

给父母的话

为了孩子以后能够更好地融入社会，父母应鼓励孩子多参加社会实践。只有舍得让孩子在社会实践中磨炼，才能让孩子在不断的尝试和努力下，拥有强大的心理承受能力，为他将来的发展、成功打下坚实的基础。

让孩子学会跌倒了自己爬起来

从孩子学走路开始，就难免磕磕碰碰、经常跌倒。对待跌倒的孩子，您通常会有什么反应呢？以下是几种常见的父母的反应，您属于哪一种呢？

1. 责怪地面

我们经常见到，当孩子跌倒后，父母会跑过去抱起孩子，还不停地跺脚说："都怪这地不平，害得我们摔倒了，妈妈帮你打它。"虽然父母这样的行为暂时让孩子停止了哭闹，但这对孩子树立正确的世界观有很大的害处，不利于孩子责任心的形成。

2. 立马扶起孩子

一些父母看不得孩子受一点伤，当孩子跌倒后，他们通常会十万火急地扶起孩子。慢慢地，这样的孩子长大以后会变得非常不"耐摔"，跌倒后必须要等爸爸妈妈来扶自己。长期下去，孩子会变得很娇气、任性。

3. 自责型父母

还有一些父母看到孩子跌倒后，总是一边将孩子扶起，一边自责地说："宝贝不要哭了，都怪妈妈没有照看好你，妈妈下次一定不会再让你跌倒了。"其实，孩子跌倒是一件再正常不过的事情，父母不必太过紧张。

4. 强硬型父母

一些父母在孩子跌倒后态度很强硬，总是呵斥孩子不许哭。父母的这种强硬行为容易压抑孩子的情绪发泄。

以上父母的几种做法对培养孩子良好的心理承受能力是非常不利的。对于跌倒的孩子，父母应该在确定孩子没有受伤的前提下，让他自己爬起来。

当然，让孩子找到跌倒的原因，有时需要父母的正确引导。下面案例中欣欣的妈妈做得就很不错。

欣欣的妈妈在书房里看书，欣欣自己在客厅里玩。一会儿，欣欣大哭起来，妈妈听到哭声后，立马跑出去扶起欣欣，问到底怎么了，原来欣欣被小板凳绊倒了。这时，欣欣的妈妈并没有安慰她，也没有拍打小板凳，而是认真地对欣欣说："宝贝，你再从小板凳这里走一遍！"于是欣欣又走了一遍，结果这次没有被绊倒。

　　接着，欣欣妈妈蹲下身子，对她说："欣欣，走路被小板凳绊倒一般有三种情况：一是走路的时候大脑里想着其他事情；二是走得太快；三是走路时眼睛向后看，没有看到前面的东西。你想一想，你为什么会被绊倒呢？"欣欣仰着脑袋想了一会儿说："我知道是什么原因了，是我跑得太快了。"

　　在孩子跌倒的时候，父母不仅要教育孩子自己站起来，还要帮孩子找到跌倒的原因，这样才能让孩子吸取教训，总结经验。

给父母的话

　　父母与其为孩子遮风挡雨，不如让他从小接受暴风雨的洗礼，让他跌倒后学会自己爬起来。否则，等孩子渐渐长大后，他会经受不起外面的狂风暴雨，容易被生活中的各种挫折和困难打倒。

引导孩子正确看待挫折

挫折是指个体在有目的的活动中，遇到无法克服或自以为无法克服的障碍或干扰，使其需要或动机不能得到满足而产生的障碍。

挫折具有两重性：一方面它会使人失望、痛苦、忧郁和不安；另一方面它能给人以磨炼，使人变得更加坚强和成熟，可以促进一个人心理过程的发展和提高。

正如巴尔扎克所说："世界上的事情，永远不是绝对的，结果完全是因人而异。苦难对于强者来说是垫脚石，而对于弱者来说就是万丈深渊。"

相传，在法国一个偏僻寂静的小镇里有一眼很灵验的泉水，人们常说喝了这里的泉水，就可以医治各种疾病。有一天，一个少了一条腿的退伍军人，拄着拐杖走过镇上的马路，这时，站在一旁的村民带着同情的口吻对身边的人说："多么可怜的家伙啊，难道他要向上帝祈求再有一条腿吗？"退伍军人听到了这句话，慢慢地转过身对他们说："我不是要向上帝祈求再有一条腿，因为我知道我失去的那条腿永远也不可能再拥有了。我只是想告诉上帝，缺少一条腿，我的日子仍然充满了生机。"

人生中会经历无数挫折，而挫折是客观存在的，是不以人的意志为转移的，不管你喜欢还是不喜欢，乐意还是不乐意，挫折都会在那里。作为父母，应让孩子明白挫折是生活中的一部分，学会正确地看待挫折，将来才会走得更远，才能更好地把握自己的人生。

美国心理学家艾利斯在20世纪50年代提出ABC理论。该理论强调挫折是否引起人的情绪恶化，并不在于情绪本身，而在于人对情绪的认知，即人对挫折及意义的认知、评价和理解。

另外，著名的心理学家马斯洛也曾说："挫折对于孩子来说未必是一件坏事，关键在于他对待挫折的态度。"因此，让孩子正确地看待挫折是挫折教育的关键。

但是，由于孩子的年龄较小，对事物的认识是具体的、形象的，因此父母在孩子面对挫折和困难时，应该让他直观地了解事物发展的过程，真实感知挫折，认识到生活中有顺境也有逆境，有苦也有乐，只有这样才能培养他不怕挫折、勇于克服困难的能力和敢于面对挫折的信心。

下面是两种让孩子感知挫折的方法，以供参考。

1. 让孩子直接感知挫折

比如，在现实生活中，父母可以通过让孩子自己系鞋带来感知挫折。开始的时候，这在孩子眼里可能是一个很大的困难，但是当孩子通过自己的思考和努力解决了问题后，相信他内心那份战胜困难的喜悦和自信是任何东西都无法取代的。

2. 让孩子间接感知挫折

父母也可以让孩子间接地感知挫折，让孩子对挫折有一个具体、形象的认识。比如，父母可以给孩子讲讲《汤姆历险记》这类故事，可以用夸张的语气来叙述故事主人公所遭遇的各种挫折和困难，同时要鼓励孩子向故事中的主人公学习，学习他面对挫折时的勇敢。

相信通过讲这种挫折教育故事，可以让孩子对挫折有初步的认识，让孩子了解生活中有许多挫折，只有勇敢面对，才会收获成功。

给父母的话

"人间没有不凋谢的花,世上没有不曲折的路。"在生活中,父母要教育孩子坦然地面对挫折,把挫折看作是前进道路上必经的关口,从而增强孩子的心理承受能力。同时父母在指导孩子克服挫折和困难时,要让孩子懂得调整努力的目标,扬长避短,努力发挥自己的长处。

帮孩子分解目标，克服困难

当迈出正确的一步太艰巨或制定的目标太难时，人们就会不想去尝试，因此而感到无力、害怕、不知所措。这些对于孩子来说，更是如此。

当孩子陷入困境，感到不知所措和绝望无助时，父母可以帮孩子分解目标，克服困难。一位美国的心理学家曾做过这样一个实验：

他组织了一些孩子，这些孩子大多缺乏耐心和毅力。首先，这位心理学家把他们分成两组，然后用手指着一堆积木，对其中的一组说："孩子们，你们的任务是利用这堆积木搭建一座房子。"孩子们听后，兴冲冲地就动手去做了，因为这是他们很喜欢的游戏。

不过，孩子们高兴得太早了，因为这堆积木能够搭1米多高的房子，想要搭完还是需要一定的时间和耐心的。20分钟过去了，一些孩子失去了兴趣，就转头玩别的了；又过了20分钟，这一组的所有孩子都失去了耐心，最终房子没有搭建完成。

这位心理学家又对第二组的孩子说："现在你们的任务是用这堆积木搭建一座房子，但在搭建房子前，你们要告诉我搭地基要多久，垒墙壁要多久，搭屋顶要多久。"孩子们聚在一起商量了一下，对他说："我们搭地基大概要20分钟，垒墙壁大概要30分钟，搭屋顶需要20分钟。"

在随后的游戏过程中，第二组的孩子基本按照他们商量的时间完成了房子的搭建工作。这让他们自己都不敢相信，这么一个巨大的工程竟然完成了。接着，这位心理学家告诉孩子们："把一项复杂的工作分解成几个简单的部分，再按步骤去做，就不会感觉它有那么难了！"

这个实验告诉我们，要达到某个大目标，就应像上楼梯一样，一步一个台阶，把大目标分解成多个小目标，这样才能更容易完成。生活中，许多人做事总是半途而废，往往不是因为难度大，而是因为觉得离成功太遥远，没有明确具体的目标乃至倦怠而失败。

另外，日本著名的马拉松运动员山田本一也是通过分解目标的方法，拿下一个又一个冠军。当记者问他是怎样取得这么好的成绩时，他只回答了记者一句话："比赛需要智慧，我用智慧战胜了对手。"

这个智慧到底是什么呢？他在自传中这样写道："每次比赛前，我都要乘车把比赛的线路仔细看一遍，并记下明显的标志，比如第一个标志是银行，第二个标志是一棵大树，第三个标志是一座红房子，这样一直画到赛程的终点。比赛开始后，我就以百米冲刺的速度奋力向第一个目标冲去，等到达第一个目标后，我又以同样的速度向第二个目标冲去。四十几公里的赛程，就被我分解成这么几个小目标轻松地跑完了。"

没有目标的孩子，就像没有发动机的小火车。

父母应帮孩子将较复杂的任务进行分解，让孩子一步一步地去完成，这样孩子就不会感到有太大的压力。同时，在孩子完成任务和工作的同时，也会增强他的自信心和独立性，提高他的抗挫折能力。

那么，父母帮孩子分解目标时，需要注意哪些方面呢？

1. 分解的目标要符合孩子的实际能力

由于孩子缺乏经验和知识，父母应指导孩子先对自己的各项情况进行分析,然后再结合孩子的实际能力分解出科学、具体的小目标。如果目标脱离实际情况,那么在实施过程中就很容易出现问题,孩子也难以养成制订周密计划的习惯。

2. 设定目标后,监督孩子很有必要

设定目标后,监督孩子很有必要,以免孩子意志不坚定,半途而废。当孩子在实施的过程中出现问题时,父母应及时向孩子提出来,并给出一些可行的建议。

3. 目标完成后,要及时给出反馈与评价

当孩子完成一个小目标后,父母应及时给出反馈与评价。孩子做得好的地方,父母要给予具体的表扬;孩子做得欠缺的地方,父母要帮孩子分析原因,并鼓励孩子继续努力。

给父母的话

心理学上把个体为了实现目标而产生出强大的意志力量的现象称为目标效应。一旦孩子心中有了明确的目标,他就会被激发出主动性和挑战欲,不被中途的挫折打败。

让孩子体验成功,增强抗挫的自信

面对同样的挫折或困难,有些人放弃了,而有些人却坚持了下来。之所以会出现两种不同的情况,主要是因为:第一种人认为事情已经不可能成功了,努力也是白费力气;而第二种人认为成功是可能的,只要付出努力就能获得成功,所以他才会一直努力下去。

下面我们先看一下有关西门子小时候的故事。

5岁的西门子在爸爸的房间里玩,去牧师家上课的姐姐跑回来哭诉说:"牧师家门口有一只凶恶的鹅,它已经咬我好几次了,我不敢一个人去上课。"爸爸听完她的话说:"让弟弟和你一起去。"西门子听完爸爸的话,有些犹豫。爸爸看到西门子有些害怕,接着说道:"给你一把手杖,如果鹅过来,你就勇敢地迎上去,举起手杖吓唬着打它,它就会被吓跑的。"

听完爸爸的话，西门子拿着长长的手杖和姐姐一起出门了。当鹅一边发出叫声一边向他们扑来时，西门子就按照爸爸的话挥起手杖，果然，鹅害怕了，嘎嘎叫着跑回去了。

对西门子来说，这是一次重要的"胜利"，是让他记忆最深刻的一次成功体验。在以后的几十年中，这次胜利一直激励着他，让他在任何挫折中都不畏艰难，勇敢地前进。

从西门子的故事中，我们可以看出，让孩子体验成功，对树立他的信心和意志有重要的作用。社会心理学中有一个著名的术语，叫马太效应，是指任何个体、群体或地区，在某一个方面（如金钱、名誉、地位等）获得成功和进步时，就会产生一种积累优势，从而有更多的机会取得更大的成功和进步。

苏霍姆林斯基曾说："一个孩子从未体验克服困难的骄傲，这是他的不幸。"因此，为了培养孩子的抗挫折能力，父母要让孩子体验成功。随着年龄的增长，这种成功的喜悦会潜移默化地影响孩子。对孩子来说，成功的快乐是一种很大的鼓励，因为许多孩子常常在某一方面成功后，其他各方面也会突飞猛进，向积极的方面发展。

那么，作为父母应如何让孩子体验成功呢？

1. 给孩子创设成功的机会

父母可以带着孩子一起参加一些有挑战性的活动,并在活动中尽可能地帮助孩子获得成功。父母也可以让孩子完成一件较难完成的任务,比如,让害羞的孩子向邻居家借东西,当孩子借回东西时,要表扬他。当孩子体验到成功后,就会对做其他事情产生自信心。

2. 帮孩子建立成功档案

平时,父母可以把孩子获得的证书和奖状保管起来,在孩子遇到困难灰心沮丧时,拿出这些档案,能够唤起孩子的成功意识。

3. 让孩子感受他人的成功

父母可以给孩子讲一些成功人士的故事,让孩子感受他人的成功,以此来消除孩子自卑、胆怯的心理。同时,通过故事让孩子坚信,只要不懈努力,就能够克服困难。

给父母的话

成功与自信心是相辅相成的,孩子有了自信心就容易获得成功,而获得成功又能增强孩子的自信心。父母只有先让孩子体验成功,才能让他们拥有克服挫折的自信心。

尽早独立,孩子才会拥有承受逆境的资本

父母总是希望为孩子铺平前进的道路,但是父母不能陪孩子一辈子,艰险的人生路最终还得靠他自己走下去。

著名的心理学家阿德勒说过:"没有独立精神的人,也很难有合作精神,会影响到他的婚姻、工作和幸福的人生,孩子的独立能力是从家庭开始的。"因此,尽早让孩子独立,他才会拥有承受一切逆境的资本,才会收获美满的人生。

放开孩子的手,给他创造独立的机会

在孩子两三岁的时候,他的肢体活动能力在增强,独立性也在逐渐发展。这时,父母应转变孩子依然弱小的观念,放开孩子的手,给他创造独立做事的机会。不然,孩子长期生活在"衣来伸手,饭来张口"的环境和氛围下,就很容易在心理上依赖父母,导致自立能力差,缺乏吃苦精神、主见等,从而严重影响健康成长。

美国教育家詹姆斯博士曾说:"依赖本身就滋生懒惰,使精神松懈,懒于独立思考,容易为他人左右等。"父母不要处处为孩子包办事情,这不是在帮孩子,而是在害孩子。

魏永康在2岁时就被人们称作"东方神童"。他的"神迹"有:2岁掌握1000多个汉字,4岁基本学完了初中阶段的课程,8岁进入县级重点中学读书,13岁以高分成绩考入湘潭大学物理系。

魏永康的妈妈曾学梅非常注重魏永康知识方面的学习，却忽视了对魏永康独立性的培养。除了学习，曾学梅不让儿子做家里的任何事情，给儿子洗衣服、洗澡、洗脸、端饭，每天早晨连牙膏都要挤好，甚至为了让儿子在吃饭的时候不耽误读书，曾学梅还亲自给他喂饭。

2000年5月，17岁的魏永康以总分第二的成绩考进了中国科学院高能物理所，成为硕博连读研究生。自此，曾学梅不再管理儿子的"生活琐事"了，她觉得"儿子那么聪明，生活方面的事情他一定能很快学会的"。

但事与愿违，脱离了妈妈的照顾后，魏永康"失控"了。魏永康像古时的"伤仲永"一样，在长大后并没有延续神奇。2003年7月，已经读了3年研究生的魏永康，连硕士学位都没拿到，就被学校劝退了。

这是一个真实的案例，从中我们可以看到从小培养孩子的独立意识和独立能力是多么重要。一个独立意识和独立能力强的孩子，不管以后面对什么样的逆境，都会有着强大的心理承受能力；相反，一个依赖性强的孩子，在以后的人生道路上会处处碰壁。

因此,在日常生活中,父母要给孩子创造独立的机会,让孩子用自己的智慧去思考解决问题的方法,用自己的双手去做力所能及的事情,以便更好地发展孩子的独立意识和独立能力。比如让孩子尝试自己穿衣服、叠被子、吃饭、收拾玩具,帮爸爸妈妈拿筷子、摆椅子、擦桌子等。

给孩子创造独立的机会,培养孩子的独立意识和独立能力,父母要注意以下几个方面。

1. 根据孩子的年龄和能力提出适当的要求

在给孩子创造独立的机会时，父母一定要根据孩子的年龄、能力的发展程度对孩子提出适当的要求。要求过高、难度过大，会使孩子产生畏难情绪和自卑心理；要求过低则不能激发孩子的兴趣。

2. 必要时告诉孩子做事的方法

放开孩子的手，并不是不用管他，而是在孩子独立做事情遇到困难时，父母有必要给他一些指导。比如：孩子吃面条时告诉他如何使用筷子；洗手时告诉他搓手的方法；收拾玩具时要告诉他分类的方法，如汽车、拼图等不同类别的玩具要放在不同的收纳箱中。一旦孩子学会了一些做事的方法，慢慢地他就能独立地做好其他事情了。

3. 不要责备孩子，适时给他鼓励

在孩子独立完成事情的过程中，父母切记不要因为孩子做得不好而责备孩子，或干脆不让他做了，这会严重伤害孩子独立做事的自信心和兴趣。父母要看到孩子的进步，哪怕一点点的进步，也应给予孩子肯定和鼓励，让孩子感到自己被认可，从而树立自信心。

总之，孩子终究要独立走上社会，如果父母过分地帮助他，只会毁掉孩子的自理能力、自立意识和自强精神。因此，父母要放开孩子的手，给孩子一个独立成长的机会，并相信孩子可以做得很好。

> **给父母的话**
>
> 著名的教育家陈鹤琴先生曾说："凡是孩子自己能做的，应该让他自己去做；凡是孩子自己能想的，应该让他自己去想。"只有放开孩子的手，才能使孩子变得独立和坚强，才能激发出孩子的潜能，使孩子更加勇敢地面对生活中的困难和挫折。

把自主选择的权利还给孩子

有一个孩子说过这样的话:"在很小的时候,我的目标就是长大,长大了做什么,我当时没有想过;读小学的时候,父母给我的目标就是考初中,考上初中做什么,我没有想过;读初中的时候,父母给我的目标就是考高中,考上高中做什么,我也没有想过……"有这种想法和经历的孩子还有很多,他们依然在迷茫的道路上生活着。

现在的父母总是害怕孩子受到一点挫折和伤害,习惯替孩子设计人生规划,而孩子也习惯听从父母的安排。这种现象会导致孩子对父母有很强的依赖性,缺乏自主选择的能力。

一个总是等着别人帮他做决定的孩子,是不可能拥有面对逆境的勇气和智慧的。选择和责任是一对孪生兄弟,人的责任感是在自我选择中形成的。如果一个人没有自主选择的权利,只是被动接受,那么他就不会拥有承担责任的意识。因此,父母要从小培养孩子的自主选择能力，把选择权还给孩子，让孩子自主选择并承担选择的结果，以此培养孩子的判断能力和责任感。那么，父母应怎样培养孩子自主选择的能力呢？具体可参考以下几点。

1. 创设让孩子自己选择的机会

生活中的选择无处不在，父母要有意识地多给孩子创设选择的机会。比如，让孩子自己选择玩游戏的时间；做饭之前，先问问孩子想吃什么；睡觉前，让孩子选择一本故事书或绘本；在给孩子买鞋子的时候，让孩子选择他自己喜欢的款式；等等。当孩子有了选择的机会，他就会感到受尊重，从而形成责任感。

父母千万不要以为孩子年龄小不懂得思考，当我们给孩子选择的机会时，他表现出的对事物的看法和判断往往会让我们为之惊叹。

2. 尊重孩子做出的决定

很多时候，当孩子做出了自己的选择，而与我们意见又不一致时，父母往往总是试图想着改变孩子的决定。父母这种不尊重孩子决定的行为，不仅会打击孩子的积极性，还会让孩子失去对父母的信任。

父母既然给孩子自主选择的权利，就要尊重孩子的决定。即使孩子做了错误的选择，父母也不要大声斥责和教导，可以通过一些中肯的建议，让孩子再进行思考和选择，如果他坚定自己的选择，父母也不能强硬改变他的看法。因为孩子在错误中学到的东西要比在父母的唠叨教导中学到的东西多得多。

3. 不要给孩子太多的限制

父母不要给孩子太多的限制，要让孩子去做他自己喜欢的事情。如果您对孩子有顾虑，可以用"给出选项，让孩子选择"的方法引导他。比如，放学后，孩子没写完作业就玩游戏，父母不要直接跟孩子说"不行"，可以这样说："写完作业才可以玩游戏哦，或者你可以先玩游戏，但这次玩了，本周可就没有机会了。"

4. 适时地为孩子提供引导和帮助

自主选择不是让孩子盲目地选择，而是要在孩子做出决定时，能够给他们提供一些科学的选项或分析，给出指导性的建议。这样的引导和帮助可以使孩子在将来做重大决定时，不冲动、不盲目。

5. 引导孩子对自己的选择负责

年龄较小的孩子对自己所做的选择感到后悔时，常以闹情绪来反抗。比如，孩子觉得刚在超市买的遥控车并没有想象中那么好玩，于是开始闹脾气，要求重新换一个其他的玩具。这时，父母一定要坚持住，不能随便答应孩子的无理要求，而要引导孩子懂得为自己的选择负责。

给父母的话

著名的管理学家彼得·德鲁克指出："未来的历史学家会说，这个世纪最重要的事情不是技术或网络的革新，而是人类生存状况的重大改变。在这个世纪里，人将拥有更多的选择，他们必须积极地管理自己。"自主选择的能力，是将来孩子立足于社会的一个重要因素。

不盲从、不依赖,让孩子学会独立思考

一些父母总是替孩子把一切事情都安排得很妥帖、周到,几乎没有什么事需要孩子自己去考虑、去想办法、去解决,长期如此,容易扼杀孩子独立思考的能力,更谈不上解决问题的能力了。下面我们先看一个案例。

一次,美国电视台的著名主持人比尔问一个七八岁的小女孩:"长大后想做什么呢?"小女孩自信地回答说:"我要做总统。"

全场观众听后哗然一片,比尔也吃惊地问:"那你说说看,为什么美国至今都没有女总统呢?"

小女孩立即说道:"因为没有男人给我投票。"全场一片笑声。

比尔说:"你确定没有男人给你投票吗?""当然。"女孩说。

比尔面向全场观众,说:"有给这位小女孩投票的男人请举手。"伴随着笑声,其中有不少男人举起手。比尔有些得意地

说:"看吧,有不少男人给你投票了。"

小女孩淡定地说道:"投票的还不到三分之一。"

比尔:"请场内的所有男人把你们的手举起来。"于是,大家在哄堂大笑中纷纷举起了手。

这时,小女孩轻蔑地说:"虽然他们举起了手,但他们的内心并不愿意给我投票。"大家听后都目瞪口呆……

这个案例中的美国小女孩凭着独立的思考和判断,对著名主持人比尔的提问做出了从容淡定的回答。而这种独立思考的能力正是我们的孩子所缺乏的。

一个独立思考能力强的孩子,总是善于发现问题,并能通过思考、分析找到问题的答案,有着很强的解决问题的能力;同时,这样的孩子不盲从、不依赖,有着较强的独立创造性,长大后也会获得更多的机遇。因此,父母应培养孩子的独立思考能力。

1. 父母要具备独立思考的能力

父母要以身作则,首先要具备独立思考的能力,盲从、依赖的父母不会培养出独立思考的孩子。如果您缺乏这方面的能力,那么可以通过各种方法,有意地去培养和加强自己独立思考的能力。

2. 营造轻松、民主的家庭氛围

一些父母总是强调孩子要乖、要听话,这样的家庭氛围容易限制孩子的自由表达,使孩子变得敏感、胆小,不利于孩子养成独立思考的能力。因此,父母要营造轻松、民主的家庭氛围,鼓励孩子发表自己的意见,而不要把自己对事物的判断、好恶强加给孩子。

3. 呵护孩子的好奇心

好奇心是引导孩子学会思考的基础,是促使孩子去探索和思考的动力。当孩子脑中有疑问时,他便开始一连串地问"为什么":为什么石头会沉下去?为什么纸张会浮在水面上?为什么……这时,父母应耐心向孩子解释,即便父母不知道问题的答案,也不要懒于思考,对孩子说"不知道",而应与孩子一起找答案。

4. 多给孩子创设独立思考的情境

父母要多给孩子创设独立思考的情境，在日常生活中锻炼孩子独立思考的能力。第一，父母需要提出问题让孩子解决。第二，父母要与孩子展开争辩。因为争辩能够使孩子认真思考，并培养其思维的敏捷性。第三，引导孩子提出自己的问题。

5. 让孩子养成良好的阅读习惯

阅读能拓展孩子的思维，开阔孩子的眼界，更能培养孩子的独立思考能力。父母应通过言传身教等方式，让孩子喜欢上阅读，并鼓励孩子阅读后发表一些自己的看法。

6. 尽量少让孩子看电子产品

当孩子沉浸于电子产品中的游戏或动漫时，大脑几乎被游戏或动漫剧情控制，从而趋于一种"被安排"的状态。这时，孩子的大脑不会思考太多问题，这会严重影响孩子大脑思维的运转。

给父母的话

能够独立思考的孩子，往往有自己的主见，做事不随波逐流，不人云亦云，具有自己的个性和自信，这些都是孩子在生活中应具备的素质。孩子能够独立思考，将来遇到问题时，就能独立地解决问题，不会轻易被问题难倒。

建立安全感，孩子才能摆脱依赖

生活中，我们经常会看到下面两个场景。

场景一：孩子和爷爷奶奶在一起时，他就会很乖，一旦妈妈回来就黏着妈妈不放，本来能够自己做的事情也不会做了。

场景二：爷爷送孩子去幼儿园时，孩子的情绪很好，但是只要是爸爸送，孩子就会大哭着喊："我不要去幼儿园，我要爸爸，我要爸爸……"

很多人认为这是父母对孩子太过宠溺，导致孩子特别黏父母、离不开父母。其实，孩子这种依赖父母的行为是因为缺乏安全感。安全感是孩子在成长过程中对人、对外界建立起来的信任感。

如果父母不能给予孩子安全感，他就会表现出对周围人和事物的不信任，甚至产生恐惧、焦虑等情绪，严重的还会导致心理问题，在生活中表现出如退缩和攻击性等极端行为。因此，我们说安全感的建立是孩子独立、心理健康成长的重要条件。

那么，父母该如何建立孩子的安全感呢？

1. 营造和谐的家庭环境

和谐的家庭环境能让孩子获得精神上的满足，保持安定愉快的心情，从而能较好地获得安全感。对此，父母要做到以下几点。

（1）给孩子独立的生活空间，让孩子拥有体验安定和自我成长的机会。

（2）营造民主、平等的家庭氛围，对孩子多一些建议，少一些专制命令、支配；多一些鼓励、赞赏，少一些训斥、打骂。

（3）加强亲子沟通，构建良好的亲子关系。

2. 给予孩子高质量的陪伴

生活中，有的父母一边看着手机一边陪伴在孩子的身边，这样的陪伴不是真正的陪伴，而是"假性陪伴"，它不能给孩子建立安全感。因此，父母应当给孩子高质量的陪伴。比如，父母抽出一定的时间陪孩子玩耍、一起游戏，经常用温柔的目光、话语或抚摸、亲吻与孩子进行交流，使孩子充分感受到父母对自己的爱，让孩子明白，无论遇到什么样的困难，父母永远都是背后支持自己的人。

3. 对孩子进行仪式感的培养

建立和孩子正式说再见的仪式。当父母需要暂时离开孩子时，一定要和孩子说再见，告诉孩子自己要去哪里、去多长时间，并在答应的时间内回来。如果父母没有在答应的时间内回来，就要提前给孩子打电话或回来后向孩子解释。这样，孩子就会明白，父母是爱自己的。

4. 允许孩子通过哭来发泄

孩子遇到一些挫折时，往往会感到很委屈、孤立无援，然后他就会通过哭来吸引父母的注意。这时，父母不要以斥责的方式来阻止孩子哭，因为适当的哭对孩子来说是一种宣泄情绪的良好方式，能帮助孩子及时排除负面情绪，建立安全感。

给父母的话

我们知道，孩子在很小的时候就会强烈地依恋父母，这种依恋是在孩子与父母相处的过程中形成的。随着孩子不断长大，他所需要的不仅是父母能够满足他的物质需求，更需要父母为他的心理安全提供保障。

授之以渔,培养孩子独立解决问题的能力

在日常生活中,许多孩子不会主动地、独立地去解决问题。对此,一些父母会认为,孩子还小,不具备解决问题的能力,并认为孩子遇到的问题越少越好。其实,儿童期是锻炼孩子独立解决问题的关键时期,如果父母错失了这个时期对孩子的培养机会,那么孩子长大后遇到问题就会束手无策。孩子将来是要走入社会的,在各个方面会遇到各种各样的绊脚石,到那时如果还茫然不知所措,就是家长教育的失败。

下面案例中丹丹的妈妈培养孩子独立解决问题的做法值得我们借鉴。

周末,妈妈带着丹丹到小区的游乐场玩耍。其中几个小朋友正在玩荡秋千,丹丹看着他们玩得热火朝天,也想上去荡两下,可是已经没有空余的秋千了。

丹丹没有办法，就跑到妈妈那里求助："妈妈，我也想玩荡秋千，您帮我想个办法吧，让一个小朋友下来，我玩一会儿。"

妈妈刚要答应，可是想了想，孩子马上就要升入小学了，应该培养她独立解决问题的能力了。于是，妈妈对丹丹耐心地说："丹丹，你能不能自己想办法，让他们把秋千让给你玩呢？"

丹丹无奈地说："我已经说了，可他们就是不让。"

"那你是怎么跟他们说的呢？"妈妈继续问。

丹丹实话实说："我说谁把秋千让给我玩一会儿，他们都说还没玩够呢！"

妈妈听后，想了一会儿，然后对丹丹说："你告诉他们，大家要一起玩秋千，要懂得分享，或者说你的玩具也可以给他们分享。你再去试试看。"

丹丹听后，立马小步跑到小朋友们当中，不一会儿，他们就高高兴兴地玩了起来：丹丹坐在秋千上，另一个小朋友推着丹丹荡秋千。

案例中的丹丹之所以找妈妈解决问题，主要是因为找妈妈解决问题方便又有效，能很快达到孩子的目的；另一个原因是孩子不懂得如何与陌生的小朋友打交道。但是，这并不代表孩子没有解决问题的能力，只要父母给孩子一些解决问题的建议，孩子就会很自信地尝试自己解决。

美国心理学家研究表明，孩子能否成功解决问题，更多地取决于他的经历而非聪明程度。另外，我们又常说"授人以鱼，不如授人以渔"，意思是说给他食物不如教会他生存的办法，给他财富不如教会他赚钱的方法。同理，父母替孩子解决问题，不如培养孩子独立解决问题的能力。因此，当孩子遇到问题的时候，父母不要包办代替，而应给孩子足够的机会、适当的鼓励和建议，让孩子独立解决问题。

那么，父母应如何培养孩子独立解决问题的能力呢？

1. 创设机会，培养孩子独立解决问题的能力

要培养孩子独立解决问题的能力，重要的是父母有意识地为孩子创设自我解决问题的机会和条件，让孩子多实践和体验。比如让孩子自己整理零乱的玩具，让孩子自己去超市买东西等。作为父母，要相信孩子的能力，并采取观望的态度，尽量让孩子自己去思考和操作，使孩子在不断操作中经历解决问题的过程，从而养成独立思考、独立解决问题的能力。

2. 把握时机，引导孩子独立解决问题

在日常生活和学习中，当孩子与其他小朋友之间发生争执

时，父母不应及时解决纠纷、化解矛盾，而应有意识地引导孩子独立去解决。可以这样对孩子说："试一下自己解决！""你可以和小朋友商量一下该怎么玩这个玩具。"把问题交给孩子。

3. 模拟场景，教给孩子解决问题的技巧

教会孩子如何解决问题并帮助他提高能力，一个非常有效的办法就是用角色扮演体验可能出现的困境。这种方法能够让孩子体验假设的情景，并明白他的选择和行为如何影响最终的结果。

> **给父母的话**
>
> 要记住：如果父母做了消防员去扑火、急救，以后这类事情就会不断地上演。父母应让孩子自己去处理、去思考，久而久之，孩子独立解决问题的能力就会越来越强。以后孩子无论是在生活中还是在学习中遇到何种难题，他都会有勇气去面对，有信心和技巧去解决。

给孩子自由的成长空间

现在许多孩子在家里都被父母溺爱着,大事小事都由父母包办代劳;而且由于父母担心孩子会发生这样那样的危险,即使孩子想要自己动手解决一些问题,也会被父母及时制止。这样的教育方式剥夺了孩子自由成长的权利,使孩子变得"无能"、不能独立、没有自信、拥有较差的自我认识等。而这些如品质和能力的养成都是在父母给孩子充分的自由空间的情况下才可以获得的。

上学的时候,爱迪生经常让老师很恼火,甚至老师会训斥他、打他。爱迪生心里很不高兴,成绩也并没有提高。一次,老师把爱迪生的妈妈叫到学校来,当着她的面开始数落爱迪生:"爱迪生实在太笨了,成绩也很差,还总问一些奇怪的问题。这样的学生真不好教。"

爱迪生的妈妈听后，认为并不是儿子不好教，而是老师根本就不懂他。她相信儿子不但不笨，还比别的孩子聪明很多。于是，她毅然对老师说："既然这样，我就把儿子带回家，我自己可以教他。"老师听后愣了一下，表示不理解这对母子。

从此以后，爱迪生的妈妈就当起了他的老师。对于儿子那些奇怪的问题，她都会努力解答，不能解答的，她会让儿子自己翻书去寻找问题的答案。后来，她发现儿子对物理和化学感兴趣，就立马给儿子买了本《派克科学读本》。为了让儿子有个做实验的自由空间，她和丈夫把家里的小阁楼改造成了儿子的小实验室。最后，爱迪生成了美国的"发明大王"。

虽然爱迪生没有上过几年学，但他在这样的家庭教育环境下，创造出了很多伟大的发明，为我们人类社会的发展做出了巨大的贡献。这主要归功于爱迪生妈妈的教育方式：积极对待孩子提出的那些奇怪的问题，还给孩子自由发挥的空间，让孩子独立思考和探索问题的答案。

孩子天生好动，他有自己的想法和兴趣，他渴望自由，不希望被别人束缚。如果父母总是限制和束缚孩子，就会扼杀他的创造能力、独立思考能力，会让他变得没有自己的想法，变得顺从和孤僻。因此,父母要给孩子提供自由的成长空间。

1. 尊重孩子的选择和意愿

不要认为孩子小就没有自己的思想,父母要尊重孩子的选择和意愿,不要让孩子感觉父母高高在上、掌控一切,要留给孩子充分的自由空间。下面案例中比尔·盖茨父母的教育方法值得我们学习。

比尔·盖茨在中学毕业时,十分想去哈佛大学读书,这也是他父母的愿望。但是,父母和他在专业的选择上发生了一些分歧。他们希望儿子能继承父业,学习法律,但比尔·盖茨对这个专业并不感兴趣,他最感兴趣的是数学和计算机。

比尔·盖茨的父母是开明的,他们发现儿子对法律不感兴趣后,果断放弃了原来的想法,决定让他在学校里自由发展。

2. 给孩子自由支配的时间

自由主要体现在能够自由、有选择地支配自己的时间。自由感不是凭空产生的,其中很大一部分是来自儿童时期对自己支配时间的体验。因此,在不影响孩子学业的情况下,父母应给孩子自由支配的时间,让孩子自主地安排事情,以提高孩子的独立决断能力和独立思考能力。

3. 给孩子自由的个人空间

父母不要给孩子过多的压力，而应给他提供一个自由的个人空间，让他在轻松的环境中快乐自由地成长。相信孩子在无拘无束的环境中一定能创造出自己的一片天空。

给父母的话

父母给孩子自由的成长空间，并不意味着对孩子放任自流。父母要把握好这个度，既有放手又有关注，否则，再好的初衷都有可能带来不好的结果。

独立的孩子,也应学会寻求帮助

其实,独立并不意味着孤立或者脱离。父母不但要培养孩子的独立意识和独立能力,还要让孩子学会寻求帮助,让孩子明白即使是成人有时候也会依赖家人、朋友和集体。

然而,一些父母总是过分信奉"独立"教育,比如下面案例中糖糖的妈妈。

糖糖今年4岁了,糖糖的妈妈比较信奉"独立"教育,从糖糖生下来到现在就一直与妈妈分开睡,刚生下来睡小床,到现在自己独自一个房间睡。虽然妈妈总是不忍心,但为了自己的教育理念,妈妈总是能狠下心来。

当糖糖与其他小伙伴发生冲突的时候,妈妈的理念是孩子们的事情都由孩子自己去解决。因此,每次糖糖不能解决问题,把目光投向妈妈,希望妈妈能帮助她时,妈妈总是选择让孩子自己解决。渐渐地，糖糖有了困难也不向妈妈求助了。

一次，糖糖和一个比她稍大的小朋友在广场上玩玩具，可不一会儿，对方一把夺走了糖糖新买的机器人，糖糖也不示弱，三四下就抢了过来。这个时候，妈妈正在和其他人聊天，没有注意到。

等到妈妈喊糖糖回家的时候，发现了糖糖的脸上有一道伤痕，妈妈急忙问："糖糖，你的脸怎么回事呢？什么时候弄的？"糖糖小声地回答道："就刚才那个大哥哥要抢我的机器人……""傻孩子，你为什么不叫妈妈帮助你呢？"妈妈一边摸着糖糖的脸，一边心疼地说。

案例中糖糖的妈妈只想着让孩子独立，并未关注到糖糖的情绪和心理需求，当糖糖遇到困难时，她别无选择，只能独自面对，不懂得去寻求帮助。这种教育方法是不正确的。

父母可以从下面几个方面教孩子学会寻求帮助。

1. 告诉孩子为什么寻求帮助

父母要告诉孩子为什么寻求帮助，当孩子了解了原因后，他才会更加主动地去寻求帮助。父母可以这样跟孩子说："当你向别人寻求帮助时，你的难题会更容易解决。寻求帮助是一件很正常的事情。"

2. 告诉孩子什么时候寻求帮助

父母应该告诉孩子,当自己遇到危险的情况或者做某件事情感到压力很大时,即使自己是一个很独立的人,也应向别人寻求帮助和支持。

3. 告诉孩子具体向哪些人寻求帮助

父母要告诉孩子,应向爸爸妈妈、老师、亲戚、朋友、医生、警察,甚至书本、网络等寻求帮助。比如,孩子在某门课程上有困难,老师是很好的选择对象;孩子不知道如何在课间玩游戏,可以让朋友说明规则;孩子迷路了,应找警察叔叔;等等。

给父母的话

学会寻求帮助是孩子参与社会生活的必备技能之一,父母可以从告诉孩子为什么要寻求帮助、什么时候寻求帮助以及向谁寻求帮助这三个问题开始,鼓励孩子主动寻求帮助,让孩子学会寻求帮助的技能。

第四章

乐观心态,为孩子带来更强耐受力

积极心理学家塞利格曼说:"教导孩子乐观的态度是教他学会认识自己,并对自己及世界所形成的理论感到好奇。"

乐观是人们看世界的一种方式,尤其是在逆境面前,乐观能够让人更好地活下去,直到收获最终的成功。希望所有的父母都能从点滴做起,培养孩子乐观的性格。

孩子乐观，心理承受能力会更强大

近年来，有这样一种现象受到了大家的关注：一些孩子常因一些微不足道的原因而离家出走，甚至是自杀。这使父母们感受到了家庭教育的难度和压力。许多父母会说，"现在的孩子的心理承受能力太差了！"的确，这种容易悲观、遇到事情处处逃避的孩子，心理承受能力会较差。

因此，父母需要培养孩子乐观的心态。乐观能让孩子勇敢地面对生活中的一切，能增强孩子的心理承受能力。美国著名心理学家马丁·塞利格曼说："乐观远不仅是一种迷人的性格特征，它实际上是一种心理免疫力，足以帮助人们抵御生活中的任何困难。"

当遇到挫折时，乐观的孩子总会看到事情积极的一面，以一种积极乐观的心态去面对自己遇到的困难；而悲观的孩子总会看到事情消极的一面，以一种消极悲观的心态去解释自己面临的压力。比如，当孩子在一次英语考试中不及格时，乐观的孩子就会认为"这次英语没考好，主要是因为单词的基础不扎实，以后要在这方面好好加油了"；而悲观的孩子则会认为，"为什么我的英语总是考不好，真的没有学语言的天分"。

乐观是一种性格倾向，能使人看到事情比较有利的一面，朝着更有利的方向努力。或许有些孩子天生就比较乐观，有些孩子则天生比较悲观。但心理学家研究发现：乐观的思想是可以培养的，即使孩子天生不具备乐观品质，也可以通过后天的努力来实现。

那么，父母该如何培养孩子乐观的品质呢？

1. 父母要有乐观的思维方式

要培养孩子乐观的品质，父母首先要有乐观的思维方式。如果父母一遇到事情就在孩子面前抱怨，那么孩子必然也会用这种消极的方式面对挫折和困难。因此，父母要做一个乐观的人，用乐观的心态去面对生活、工作中遇到的各种难题，并积极寻找解决的方案。慢慢地，孩子受父母的积极影响，也会变得乐观。

2. 教会孩子调节情绪的方法

在生活和学习中，孩子总会不可避免地遇到各种难题，其情绪也会有阴晴圆缺。但随着孩子的长大，父母不可能一直陪在孩子的身边，去消除孩子消极的情绪。这就需要父母教会孩子一些调节情绪的方法。比如通过听音乐、跑步、向朋友倾诉，或做自己喜欢做的事情等，让孩子把自己的消极情绪发泄出来，从而使他变得乐观起来。

3. 营造一个幸福快乐的家庭氛围

乐观的性格得益于父母所创造的环境。研究表明，孩子在牙牙学语之前就能够感觉到周围的情绪和氛围，尽管当时的他还不能用语言来表达。如果父母感情不和，经常吵架，那么孩子也不会快乐，自然也就培养不出乐观的孩子。因此，为了培养出一个乐观、心理承受能力强的孩子，父母要努力给孩子营造一个幸福快乐的家庭氛围。

4. 批评孩子的方式要恰当

马丁·塞利格曼指出："父母批评孩子的方式正确与否，直接影响孩子将来的性格是乐观还是悲观。"因此，父母批评孩子的方式要恰当，应该具体指出孩子犯错的地方和原因，并让孩子明白所犯的错误是可以改正的，而不应将孩子的错误夸大成永久性的问题。

5. 培养孩子广泛的兴趣

平时，父母应为孩子提供各种活动和兴趣的选择，并给予孩子一定的引导，以培养孩子广泛的兴趣。广泛的兴趣可以增加孩子对外界事物的探索，减少因单一兴趣而带来的悲观。

给父母的话

培养孩子的乐观品质很重要，因为这直接决定着孩子心理承受能力的高低。当孩子遇到困难和挫折时，父母应鼓励孩子乐观面对；当孩子不能乐观面对挫折和困难时，父母应以乐观的情绪感染孩子，让孩子重新振作起来。

教孩子换个角度看问题，会让他获得快乐

虽然我们生活在同一个世界，但是我们看到的绝不是同一个世界，这其实是因为不同的人看待问题的角度不同。每件事情都有好的方面和坏的方面，当孩子遭遇逆境时，如果习惯用常规的思维看待问题，就会总是想到坏的方面，那么孩子会越来越悲观；如果孩子懂得换个角度看问题，总是想到好的方面，那么即使糟糕的事情也会变得容易解决，使自己获得快乐。

平平是个优秀的孩子，但是她爱抱怨，总看不到事物中好的一面。雨后的一天，妈妈带着平平到公园散步，欣赏着雨后洗礼过的美丽花朵。平平一会儿跑到花丛中，一会儿又跑到石凳上，俨然就是一个淘气的小男孩。可不一会儿，在草丛中玩耍的平平突然大哭起来。妈妈听到平平的哭声，急忙跑过去问："怎么了，怎么了？"

平平指着一个陌生的小朋友,委屈地说:"我的鞋子……我的鞋子……被他弄脏了。"说着说着,平平又开始呜呜大哭起来。

这时,妈妈说:"平平,你听我说,虽然这个哥哥弄脏了你的鞋子,但你应该感谢他才对。"平平立马停止了哭泣,疑惑地问:"为什么呢?他把我的鞋子弄脏了,我为什么还要感谢他?"

妈妈说:"你想啊,鞋子脏了是不是要洗干净,洗干净了不就可以穿新鞋子了吗?"平平点点头。这时,妈妈又鼓励平平,让她和小哥哥握手交个朋友,并原谅哥哥。平平照做了,然后他俩开始友好地玩了起来。

从那以后,当平平再遇到这样的事情时,她不再像以前那样抱怨和哭闹了,而是懂得由不好的方面往好的方面考虑了。

案例中,平平的妈妈教育孩子的做法值得我们借鉴。在培养孩子乐观心态方面,父母要让孩子知道,任何事情都有其两面性,有时候换个角度看问题,就能够从坏的事情中看到好的一面,从一个看似困难的问题中找到巧妙的方法轻松解决,这样会使孩子慢慢变得乐观起来,孩子也能从中获得快乐。

比如,孩子回到家,对父母说:"今天真倒霉,丢了一支笔。"父母可以这样告诉孩子："还好，没把书包丢了，你算幸运的。当然，捡到你的笔的人会很高兴，如果他正好缺一支笔，那你还替别人解决了问题。"这样，孩子不但不会因为不如意的事情受到影响，反而能乐观积极地去解决问题。

另外，教孩子换个角度看问题，需要父母在生活中培养孩子多角度看问题的能力。具体方法可以参考以下几点。

1. 鼓励孩子的新想法

爱因斯坦说过："提出一个问题比解决一个问题更重要。"在生活中，当孩子突然有了新想法时，父母不要否定孩子，而要允许孩子标新立异，并鼓励、指导他，使他的想法更完美、更丰富。

2. 引导孩子多角度分析问题

在生活中，父母要引导孩子多角度分析问题。比如，父母可以这样问孩子："鱼除了蒸着吃，还有什么别的吃法吗？""水杯除了可以喝外，还有什么其他用途吗？"父母还可以故意提出自己的想法与孩子辩论一番。久而久之，孩子想问题就会形成一种多角度思考的习惯。

3. 鼓励孩子的质疑精神

孩子的质疑是难能可贵的，因为在质疑的过程中，他会思考判断，会有自己的主见。因此，当孩子提出质疑时，父母要给予积极的肯定和鼓励，不能随意地用权威或书本去压制孩子的思维。

> **给父母的话**
>
> 父母教孩子换个角度看问题，并不是让他盲目乐观，而是科学地对待困难和挫折，让孩子从困难和挫折中寻找新的突破口。父母要相信孩子，只要他的心态好，他就会找到战胜困难和挫折的办法。

幽默感,让孩子笑对一切困难

幽默是一种人生态度,更是一种人生智慧,其心理基础是乐观、积极向上的心态。著名幽默家克瑞格·威尔森说过:"在我的成长过程中,幽默是生活中的七彩阳光,没有它,就没有我五彩缤纷的童年,也没有我充满欢声笑语、幸福无限的家庭。"

在现实生活中,幽默可以淡化人的消极情绪,消除沮丧与痛苦,舒缓紧张气氛,更能带给自己和别人喜悦和希望。马克·吐温说:"一个成功的人是以幽默感对付挫折的。"因此,培养孩子的幽默感,可以让孩子笑对生活中的一切困难。

日本作家大江健三郎的妈妈就是用幽默感染了他,让他学会笑对困难和挫折的。他曾在一篇文章中提到:

小时候我很怕死,有一次因生病住院而哭闹不止,不肯让妈妈离开我。后来妈妈对我说:"儿子,你放心,如果你真的死了,我会再把你生出来!"于是,我的心安静了下来。但是,不久我又很不放心地说:"将来的我出生后,一定要让他好好向现在的我学习。"从此,我格外注意自己的言行,为未来的"自己"做好榜样。

大江健三郎的妈妈用幽默的智慧教导孩子,将他的消极情绪转化为积极情绪,让他不再惧怕死亡,并对未来充满期望。

幽默感是人生智慧,也是一种极为可贵的品质,但孩子的幽默感不是天生的,需要父母从多方面去培养。

1. 做个有幽默感的父母

要培养孩子的幽默感,父母首先要有幽默感,因为父母的幽默会潜移默化地影响孩子。比如孩子哭闹的时候,父母可以故作惊讶地说:"哎呀,这是谁家的小猫脸呢?"相信孩子听后一定会破涕为笑的。

2. 让孩子学会适当的自嘲

一个敢于自嘲的人,一定是一个心理承受能力强的人。因此,父母可以让孩子学会适当的自嘲,这不仅可以替自己解围,还可以提高孩子的心理承受能力。但是,父母要注意自嘲的前提是孩子要有较强大的自信心。

3. 多给孩子讲幽默故事

有趣的幽默故事不仅能使孩子在轻松愉快的氛围中爱上阅读，还能潜移默化地培养孩子的幽默感。同时，很多幽默故事中的主人公都是乐天派，他们总是能够将遇到的各种困难化险为夷，继续乐观地生活。因此，父母可以多给孩子讲一些幽默故事，让孩子充分体会故事中的幽默因子。必要时，还可以让孩子改编幽默故事的情节或添加令人捧腹的结局，来激发孩子的幽默感。

4. 多跟孩子一起做亲子游戏

在日常生活中，父母可多跟孩子做一些有趣的亲子游戏，这不仅可以增强亲子之间的感情，还可以让孩子在轻松快乐的环境中产生幽默感。

5. 多让孩子讲讲身边有趣的事

对于发生在孩子身边的趣事，他总有表达的欲望，父母要做的就是认真倾听，并发出会心的微笑。在孩子讲述的过程中，父母可以用一些幽默的话语来引导孩子、感染孩子。

6. 训练孩子的思维

有幽默感的人一定是思维敏捷的人，因此父母要培养孩子的幽默感，关键要打破常规，不要让惯性思维束缚孩子的头脑。比如，平时要多和孩子玩一些"脑筋急转弯"的游戏等。

给父母的话

父母从小培养孩子的幽默感，对培养孩子乐观的性格具有重要的作用，也是提高孩子心理承受能力的有效方法之一。孩子天生就有幽默细胞（比如在孩子6个月的时候，父母故意抱着孩子做"下坠"动作时，一些孩子会无师自通地意识到是大人在跟自己闹着玩，脸上会露出笑容），父母要用心呵护和培养。

让孩子不断地感受幸福和快乐

儿童时期是一个充满幸福和快乐的时期,父母有责任和义务对孩子进行快乐教育,不断提高孩子对幸福和快乐的感受能力。因为拥有这种能力的孩子,在生活中总能发现美好的一面,积极乐观地去面对所遇到的各种困难和挫折。这就需要父母在生活中让孩子不断地感受幸福和快乐,让快乐成为孩子的一种习惯。

接下来,我们先看一个案例。

在瑞典的小学中有这样一堂课:老师会让每个学生买一条金鱼,然后带回家养。老师每天都会问孩子们:"你们养的金鱼快乐吗?"一个月后,许多孩子养的金鱼都死掉了。

老师问:"你们知道金鱼为什么会死掉吗?"

紧接着老师又告诉孩子:"每条金鱼都是有寿命的,如果它是快乐的,可以活得很长;如果它不快乐,那么它只能活一个月,甚至更短。"

孩子们问:"怎样让金鱼快乐呢?"

老师回答说:"每天给金鱼换水;给它喂适量的食物,喂过多会胀死,喂过少会饿死;还要在玻璃缸内放入水草,让它觉得自己生活在自然环境中;最好还要有条小鱼陪伴它,让它不至于感到太孤独。"

孩子们听完后都摇摇头说:"这些好像都没有做到。"

对父母来说,孩子就像一条金鱼,没有幸福和快乐就不能健康地成长。然而,在生活中,许多父母却忽视了孩子的幸福和快乐,或者说他们不懂得如何让孩子幸福和快乐。但不管怎样,从现在开始父母都应该重视孩子的快乐教育,让孩子不断地感受幸福和快乐,这对于培养乐观的孩子来说很重要。

那么,父母应怎样培养出幸福和快乐的孩子呢?下面我们给出了几条具体而有效的措施。

1. 鼓励孩子多运动

研究表明,运动不仅可以锻炼孩子的体能,还能使孩子变得快乐和外向。比如,父母可以陪孩子一起玩球、骑脚踏车、游泳等。保持动态生活可以适度缓解孩子的压力和情绪,并让孩子从运动中发现乐趣与成就感。

2. 经常和孩子一起玩游戏

游戏是孩子理解世界、适应环境的重要方式，也是孩子最喜欢的游乐方式之一。父母应多抽出时间和孩子一起玩游戏，比如扮马让孩子骑、追人、捉迷藏等，这不仅能增进亲子之间的感情、训练孩子的各种能力，还可以让孩子从中找到乐趣。

3. 培养孩子的业余兴趣

学习是孩子的主要任务，但不是孩子生活的全部。一些父母为了提高孩子的学习成绩，不惜牺牲孩子的业余时间和休息时间，给孩子报各种各样的辅导班，使孩子内心的压力无法得到释放。这种教育方法是不科学的、不正确的。父母应培养孩子的业余爱好，让孩子去做自己喜欢的事情，只有这样，孩子才能找到快乐的渠道，他的视野才能拓宽。

4. 多表扬孩子的具体行为

当孩子表现得很好时，父母要多表扬孩子的具体行为。比如，当孩子起床后收拾好床铺，然后去刷牙洗脸时，父母可以表扬他："你起床后把床收拾得很整齐，真棒！"但是，不要这样泛泛地表扬："你做得很好！"因为孩子不清楚自己的哪些举动得到了父母的夸奖，容易让孩子产生误解。

5. 多倾听孩子的话

事实上，没有什么比用心倾听更能让孩子感受到被关心，当孩子感受到父母的关心后，就会从内心中产生一种幸福感。因此，在孩子说话时，父母应尽量停下手中的事情，甚至蹲下身来专心听孩子说话。即使孩子所说的内容很啰唆或说起话来结结巴巴，父母也不要中途打断，急着替孩子表达。

6. 教孩子多帮助别人

儿童教育专家指出，即使孩子很小，他也能从帮助他人的过程中获得快乐，并容易养成助人为乐的习惯。因此，平时父母可以和孩子一起给慈善机构捐钱、捐物，也可以鼓励孩子多参加社会义工活动，让孩子从帮助别人的过程中获得快乐。

给父母的话

快乐是一种愉悦的情绪体验，孩子有了感受快乐的能力，就能看到温暖和希望，从而乐观地面对困难，这会使孩子的内心越来越强大。

培养微笑，就是培养心理承受力

在生活中，每个人都会应对很多事情，其中不是只有欢笑和幸福，也会有苦难和悲伤。当我们遇事不如意时，不要悲伤，而要用微笑来面对生活，如此我们才会获得不一样的人生。

案例一：

在百货商店里，有一位穷苦的妇女带着一个4岁的小男孩来来回回地逛。当他们走到一家照相馆时，这个小男孩拉着妈妈的手说："妈妈，给我照张相吧。"这位妈妈弯下身来，把孩子额头上的头发拢到一旁，温柔地说："孩子，还是不要照了，因为你的衣服太旧了。"男孩思考了一会儿，抬起头对妈妈说："可是，我仍会面带微笑的。"

案例二：

美国第32任总统罗斯福的家被盗了，丢失了很多东西。他的一位朋友写信劝他不要太在意，罗斯福给朋友回了信，说道："亲爱的，谢谢你的安慰，我很好，感谢上帝。原因有三：第一，幸亏小偷偷的是我家里的东西，而没有损害我的生命；第二，小偷偷走了一部分东西，没有全部偷走；第三，最庆幸的是，做小偷的是他，不是我。"

生活就是一面镜子，你对它哭它就哭，你对它笑它就笑，快乐是一天，不快乐也是一天，为什么不乐观快乐地度过每一天呢？

古希腊哲学家苏格拉底曾说："在这个世界上，除了阳光、空气、水和微笑，我们还需要什么呢？"很显然，在这位大师的眼里，微笑和生活中的阳光、空气、水一样重要。当然，微笑对孩子来说也是十分重要的。从小习惯微笑的孩子，长大以后必然会用乐观的态度对待生活，用幽默的方式对待遇到的一切困难。因此，父母应让孩子学会用积极的态度对待生活，用微笑去面对一切。

那么，父母如何才能让孩子学会微笑呢？

1. 父母不要吝啬自己的微笑

要想让孩子学会微笑，首先父母不要吝啬自己的微笑，父母的微笑是对孩子的一种理解和信任、支持和赞许，能够带给孩子力量与信心。比如，在孩子早晨起来时给他一个微笑，上幼儿园时给他一个微笑，孩子遇到挫折时给他一个微笑，等等。

2. 训练孩子微笑

训练孩子微笑时，要让孩子懂得微笑是发自内心的、发自肺腑的，没有任何做作之态；不要强颜欢笑。比如，捂着嘴笑会让人感觉很不自然，吸着鼻子冷笑会让人感到阴沉等。要让孩子记住，微笑是对别人的理解和尊重，如果不注意程度，就会适得其反。

3. 教孩子用微笑调节气氛

比如，当孩子遇到难以解决的问题时，不妨让他换上微笑的面孔；当孩子与朋友争论得厉害，陷入僵局时，让孩子冲着对方笑一笑，如此，对方也会还以微笑，气氛就会缓和下来。总之，要让孩子明白，微笑能够解决很多问题，微笑可以调节气氛。

给父母的话

生活中，父母应引导孩子用微笑面对生活，让孩子用积极乐观的心态面对一切。相信爱笑的孩子运气都不会太差，爱笑的孩子会经得起生活中的风风雨雨。

爱运动的孩子更乐观、开朗

相信很多大人都有这样的感受：压力大或情绪低落的时候，去户外晨跑、游泳，或是去健身房的器械上流一身汗，就感觉心情好多了，整个人也放松了下来。孩子也是一样，运动会让他更快乐，尤其是在遇到挫折、心情不好的时候，运动会让他忘掉烦恼，重新振作起来。

说起董泽和足球的缘分，还要从那次转学说起。读小学三年级的时候，董泽被父母送到了市重点小学。在原来的学校，董泽成绩名列前茅，加上他个性活泼，深受老师和同学们的喜欢。可是到了新的学校却成绩平平，班上有很多比他优秀的同学，几个月下来他也没有交到什么好朋友。巨大的落差让董泽变得不自信、沉默寡言，回到家就把自己关在房间里，也不爱出门。

爸爸发现了董泽的变化，就决定想办法多带孩子出门散散心。于是，在董泽生日的时候，爸爸送给他一个漂亮的足球。董泽收到礼物很高兴，就跟着爸爸一起出门踢球，没想到，这一踢就踢出个小小足球迷，放学后踢球成了父子俩的日常活动。每次踢球的时候，吹着凉风，看着夜景，酣畅淋漓地跑出一身汗，董泽就忘记了在学校的所有烦恼，他的球技也越来越好。

爱上足球以后，董泽有时候也和班上的男生一起踢。运动，永远是男孩子们建立友谊的最快方式。进球的时候，他们击掌互相鼓励；考试没考好，放学后踢一场球，就把沮丧都抛在了脑后；踢累了，一起躺在草坪上聊天、喝饮料。从此，董泽有了自己的好朋友，在他们的帮助下，董泽的学习成绩也稳步提升，过去那个充满活力的董泽又回来了。

在这个案例中，爸爸给董泽买了一个足球，并陪着他一起踢球。慢慢地，董泽喜欢上了踢足球这项运动，使之前自卑的他变成了一个乐观、活泼、开朗、善于交往的大男孩。董泽爸爸的教育方法值得我们借鉴。

运动的时候更快乐，只是我们的心理感受吗？其实不然，这是一种生理反应。生理学家经研究发现，人在运动的时候，大脑中会分泌一种名叫"内啡肽"的物质。内啡肽又被称为"快乐激素""年轻激素"，因为它能够让人重新振作、心情愉悦，并有效缓解抑郁、焦虑等消极情绪。

因此，为了培养孩子乐观开朗的心态，父母应该有意识地多给孩子创造运动的机会，让孩子养成积极运动的好习惯。

1. 帮孩子找到他喜欢的运动方式

父母应根据孩子特点，多让孩子尝试不同类型的运动，直至他找到自己喜欢的运动方式。

2. 限制孩子玩电子产品的时间

据统计，现代的儿童平均每天花在电视、电脑、手机等电子产品上的时间竟多达7个小时。美国儿科学会建议父母们：控制孩子每天花在电子产品上的时间，最多不超过2个小时，让他将多余的时间花在运动和活动上。

3. 不拘泥于运动的地点和方式

运动的习惯可以在生活的细节中培养,不用拘泥于固定的场所和方式。比如,在家转呼啦圈,在小区里的运动器械上拉伸四肢,这些都可以潜移默化地促进孩子养成自发运动的好习惯。

4. 带孩子看职业比赛

激烈的比赛和职业运动员的精彩表现,往往能激发孩子的兴趣,让他发自内心地想要去尝试该项运动。而且,运动员奋勇拼搏、不甘放弃的运动精神也会感染孩子,让他鼓起战胜困难的勇气。

> **给父母的话**
>
> 父母是孩子的榜样,孩子也本能地喜欢和父母一起参与活动,并希望得到父母的关注。陪孩子跑步、打球,做亲子游戏等,都是不错的选择。

第五章

强化心理素质，助孩子勇敢面对竞争压力

当今的社会生活，考验更多的是一个人的心理素质，心理素质的强弱主要体现在一个人是如何面对竞争压力的。因此，父母要从小培养孩子的竞争意识和竞争力，让孩子在生活"演习"中体验竞争魅力。

孩子拥有了竞争力，也就拥有了成长道路上所必需的信心之源、成长之本，如此才能在未来的工作和生活中稳步攀升，从而使自己的人生更优质、更稳定、更从容。

强化竞争意识，让孩子勇敢面对挑战

竞争意识是指对外界活动所表现出的积极、奋发、不甘落后的心理反应，它是产生竞争行为的前提。现在的社会竞争日益激烈，如果一个人没有竞争意识，就很难在社会上立足，也很容易被社会淘汰。另外，竞争也是孩子日常生活中的重要组成部分，有竞争意识的孩子会在很多方面有更大的优势。比如，竞争不仅可以增强孩子的自信心，还有利于激发孩子各方面的潜能等。

相传，挪威人从深海捕捞的沙丁鱼很难活着上岸。抵港时，如果沙丁鱼还活着，卖出的价格就会高出一倍，因此，渔民们想尽一切办法让沙丁鱼活着返港，但大多数人都失败了。

让人们感到奇怪的是，有一位老渔民天天出海捕捞沙丁鱼，返港后，他的沙丁鱼总是活蹦乱跳的，而其他渔民们的沙丁鱼，回港后全是死的。也因此，那位老渔民一家成了远近闻名的富翁，而其他渔民却一直只能维持温饱。

后来，老渔民在临终前把这个秘诀告诉了儿子：原来鲶鱼是沙丁鱼的天敌，在沙丁鱼的鱼槽中放进几条鲶鱼，就可以制造一种紧张的气氛，沙丁鱼一见到鲶鱼就四处游动，从而保持了沙丁鱼旺盛的生命力，所以最后运到港的沙丁鱼总是活蹦乱跳的。后来，人们把这种现象称为"鲶鱼效应"。

如果沙丁鱼没有竞争对手，就会失去活下去的斗志。人也一样，如果一个人没有竞争对手，那他就会甘于平庸，养成惰性，最终庸庸碌碌，无为而终。

心理学认为，孩子都具有争强好胜的天性，平时，这种天性处于潜伏状态，一旦父母用外部诱因激励他，诱发他的竞争意识，使这种内在的动机转为兴奋状态，就能成为孩子今后学习和发展的驱动力。

因此，在生活中，父母要有意地培养孩子的竞争意识，让孩子明白竞争是其生活和学习中不可或缺的内容。那么，父母如何培养孩子的竞争意识呢？具体可参考以下几种方法。

1. 培养和发展孩子的个性

心理学研究表明，个性与竞争能力是紧密联系在一起的，个性突出的孩子，其自身往往蕴含着很强的竞争力量，其竞争意识和竞争能力往往比他人强。父母要想培养和发展孩子的个性，就应从孩子的兴趣爱好出发，不仅要扩大孩子的知识面，还要让孩子学会一种或几种特长和本领。

2. 逐步引导孩子参与竞争

培养孩子的竞争意识，父母可逐步引导孩子参与竞争。比如，平时，父母要陪孩子一起跑步，当学校有体育比赛时，父母可以引导孩子报名参加，并给予孩子勇气和信心。父母要注意，如果孩子真的不想参与竞争，也不要强迫。

3. 给孩子挑选合适的竞争对手

心理学认为，每个人都有一种追求优越的欲望，它推动人们努力补偿自己的不足，发奋图强，获得成功。这种心理在人的一生中都在发挥作用。因此，父母可以给孩子挑选一个合适的竞争对手，让孩子找到自己与其他人的差距，因为孩子只有找到了差距，才会有补偿差距的愿望。

给孩子挑选竞争对手时，父母要注意两个方面：一是竞争范围要广，除了学习成绩，还应包括运动、手工、美术等其他方面；二是要以孩子自身的客观情况为依据，认清孩子所处的位置，不要选择和孩子差距太大的竞争对手。

4. 让孩子学会战胜自我

我们经常说，一个人最大的对手不是别人，而是自己。一个人不断战胜自己才是最大的胜利。因此，父母要让孩子学会战胜自我，超越自我，使孩子不断进步。

5. 培养孩子的自信心

一个连自己都不敢相信的孩子，从根本上就失去了竞争的能力，这样的孩子必然不会乐观向上、朝气蓬勃。因此，在日常生活中，父母要注意培养孩子的自信心，让孩子拥有竞争的勇气。

给父母的话

父母要让孩子明白，竞争不应是狭隘和自私的，而应具有广阔的胸怀；竞争不排除合作，没有良好的合作精神和集体信念，孤独的强者是不容易成功的；竞争不应是阴险和狡诈的，而应是齐头并进，以实力超越对手。

发现孩子的优势,将其强化为核心竞争力

所谓核心竞争力,就是自己最擅长的、别人不具备或者比对手更优异的竞争能力。一个人的核心竞争力,是他在社会中的生存能力和抢占资源能力最重要的衡量指标。而孩子的核心竞争力就是他的优势、天赋。

在家庭教育中,一些父母经常这样教育孩子:"孩子,你哪个方面弱,可要多努力、多弥补啊。"然而,在这个过程中,孩子花了更多的时间去做自己不擅长的事,自身的优势也渐渐被消磨殆尽。

积极心理学之父马丁·塞利格曼建议父母们:对待孩子的优势,要像对待他们的不足一样上心。父母要善于发现孩子的优势,并将这种优势培养成孩子的核心竞争力。

孩子在某一件事情上比别人做得好,这就是他的优势。比如,孩子的英语不如别的孩子,但语文可能比别的孩子好;孩子

在学习上成绩平平，但画画出类拔萃；孩子绘画笨手笨脚，但有着惊人的音乐天赋。也就是说，所谓的优势和弱势是相对的。父母要正确认识到：每一个孩子都是优秀的，都有自己的优势。

那么，父母应如何发现、培养孩子的优势呢？

1. 注重孩子积极情绪的培养

在孩子小的时候，父母要发现孩子的优势并不容易。一位心理学家曾说："优势是由积极情绪发展而来的。"而积极情绪在孩子很小的时候就出现了，因此，父母要注重培养孩子的积极情绪，从而促使其优势的发展。

2. 父母的称赞和关注很重要

父母的称赞和关注，能够引导孩子向优势的方向发展。当孩子发现自己在做某些事情时会受到称赞、关注，他就会产生更多的积极情绪，并刻意多做这方面的事情。

3. 不要用挑剔的眼光找孩子的毛病

美国成功学大师拿破仑·希尔曾说："每个孩子都有优势，而父母总是盯着孩子的弱势，认为管好孩子的弱势，才能让孩子更好地成长。其实，这样做就像蹩脚的工匠，是不可能造出完美的瓷器的。"

一些父母在教育孩子时，不是用赏识的目光去看待孩子的优势，而是用挑剔的眼光去找孩子的毛病。最可怕的是，拿自己家孩子的短处和别人家孩子的长处相比，越比较越觉得自己的孩子不如别人家的孩子优秀。父母要认识到，每个孩子都是独立的个体，孩子之间是没有可比性的。

  给父母的话

父母要有一双雪亮的眼睛，一旦发现孩子的优势，一定要明确地说出来，并给予孩子适当的鼓励。渐渐地，你会发现，孩子开始偏向于做那些他最拿手的事，这就是其优势发展的开始。

遵守规则，做到公平竞争才是胜者

在我们的微信朋友圈中经常出现这样的现象：为孩子的各种评比拉票，如音乐之星、小天才画家、优秀班干部、三好学生等，有的父母为了给孩子拉票还发红包，甚至找刷票公司。

这种"胜利"的投票，其结果反映不出哪个孩子更胜一筹，孩子也难以正确认识自己的实力。这种由"实力竞争"转变成"人脉比拼"的现象，不但背离了评比本身的意义，还扭曲了孩子的公平竞争观。

也许有不少父母认为，孩子还小，不会对他的心理产生多大影响。其实不然，这种不真实的投票形式不但会让孩子感到不公平，还会使孩子形成畸形的竞争价值观。儿童心理学家皮亚杰认为：4~10岁的孩子处于从"盲从权威"到"有自己内在的判断标准"的过程中，比较容易被外部事物影响。另外，美国权威机构也曾表示，孩子在拥有计数概念之前，就已经因自己被不公正地对待而产生负面情绪了。

另外，父母应该认识到教育孩子公平竞争是家庭教育的一个重要内容。我们可以先来看一段由一位有丰富经验的教师写的一段日记。

我对一些优秀的孩子做过一次调查，主题是"如何在竞争中获得胜利？"然而，孩子们的回答令我非常吃惊和意外。有的孩子说"竞选优秀班干部时，我会鼓动一帮人不投对手的票"；有的孩子说"对方问我问题，我不告诉他"；还有的孩子说"上课的时候，我会偷偷把他的课本藏起来"……听到孩子们的回答，我真的很担忧；孩子们为了在竞争中获得胜利，竟然想出这么多不正当竞争手段。

像这种没有公平竞争观念的孩子，长大以后很难成功。那么，父母应如何培养孩子的公平竞争观呢？

1. 父母要有正确的竞争观

要培养孩子的公平竞争观，首先需要父母有正确的竞争观，像前面讲过的"朋友圈拉票"或是"网络拉票"，都是父母不应有的行为。因为这种不公平的竞争形式会把孩子的价值观引入歧途。如果您真的爱孩子,可以让孩子通过纯粹的竞赛或评比来提高能力。

2. 竞争要遵守规则

父母要让孩子认识到,竞争不是不择手段,而是要遵守规则,在不违背道德的前提下公平竞争。平时,父母可以鼓励孩子多参加竞争性的活动,让孩子在比赛中遵守比赛规则,增强竞争意识,从而形成公平竞争的观念。

给父母的话

父母一定要教育孩子树立公平竞争的观念,要本着有利于孩子健康成长的原则循序渐进地进行,那种不正当的竞争只会扭曲孩子的性格,不利于孩子的健康成长。

培养孩子在竞争中的合作意识

亚里士多德说过:"能独自生活的人不是野兽就是上帝。"它告诉我们,要想适应社会激烈的竞争,获得事业上的成功,就必须学会与周围的人合作,否则就难以获得生存和发展的空间。

父母可以把下面的哲理小故事讲给孩子听,让孩子明白合作在竞争中的重要性。

有三只老鼠肚子饿了,一起去偷油喝,但当它们看到油缸时,非常焦急。因为油缸很深,油在缸底,它们只能闻着油香流着口水。最后,一只老鼠想到了一个好办法,就是一只老鼠咬着或拉着另一只老鼠的尾巴,吊下缸底去喝油。它们还商量好,大家轮流喝,不能独自享用。

吊在最底下的老鼠最先喝到油,它在缸底想:这点油太少了,要是轮流喝肯定不过瘾,今天算它们倒霉,我自己先喝个够。吊在中间的老鼠也在想：油本来就不多，万一最底下的老鼠把油喝光了，我岂不是要饿着肚子了？不行！我还是把它放下，自己跳下去喝个够吧。最上面的老鼠想：唉，等它俩喝饱了，这缸底的油肯定没我的份了，我要跳下去自己喝个够。

结果，吊在中间和最上面的两只老鼠松开了口和手，你争我抢地跳到缸底喝油。结果由于浑身沾满了油、缸又很深，它们根本没有办法跳出去。

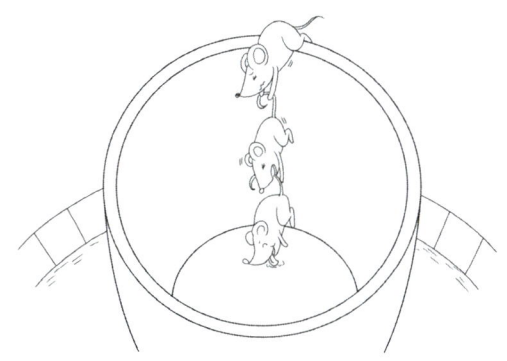

这个故事告诉我们，在竞争中，各人只考虑自己的利益，没有合作意识，最终是不会成功的。想要让自己成为真正的强者，一定要讲究双赢，追求团队合作。

现在的孩子在家里都是宝贝疙瘩，父母宠着，爷爷奶奶惯着，全家人都围着转。结果孩子习惯了以自我为中心、自私自利,更不懂得合作。其实,这对孩子的健康成长是非常不利的。那么,父母应怎样培养孩子的合作意识呢?

1. 教孩子学会与人和谐相处

与人和谐相处是与人合作的基础。因此,在生活中,父母要给孩子做好榜样,处理好与家庭成员、邻居之间的人际关系。孩子耳濡目染,会逐渐懂得如何处理好人与人之间的关系。

2. 在游戏中培养孩子的合作意识

父母要想办法为孩子提供与其他小朋友游戏的机会,让孩子在游戏中学会合作。比如接力棒游戏可以让孩子充分认识到合作的重要性,孩子只有与其他小朋友友好合作、互相配合,才能使游戏进行下去。

3. 让孩子在做家务中学会与人合作

要想培养孩子的合作意识,父母还可在实际生活中锻炼他,其中做家务不失为一个好办法。做家务前,父母应和孩子进行一番讨论,比如父母和孩子分别需要负责哪些家务,怎样相互合作与帮助等。这样的讨论会在孩子心中建立起家庭是一个生活团体的概念,每个人都要各司其职、相互帮助,这样才能让生活更美好。

4. 让孩子懂得求同存异

马克思说:"只有在集体中,个人才能获得全面发展其才能的手段。"在孩子的想法与别人的不一致时，要让孩子尽量通过讨论达成一致，或采取少数服从多数的办法，而不应固执己见。孩子只有懂得求同存异，他才能在团队合作中接纳别人和被别人接纳。

5. 让孩子学会欣赏别人的长处

良好的合作就是互相利用资源，相互弥补各自的不足，以共同获取较大的利益。其中，对别人的接纳和欣赏很重要。人无完人，千万不要因为别人有这样那样的缺点或毛病，就嫌弃、疏远对方。生活中，父母要引导孩子善于发现别人的长处，并懂得真诚地赞美别人。

给父母的话

在这个社会中，只有能与人合作的人，才能获得生存空间；只有善于合作的人，才能赢得发展。这就需要父母从小培养孩子的合作意识，让孩子学会相互理解、和平共处，懂得在合作中竞争、在竞争中合作的重要性。

竞争时代，怎样让孩子"输得起"

如今，很多孩子都有这样一个普遍现象——输不起。不论是参加学校、社会上的比赛，还是在家和爸爸妈妈做游戏，只能赢不能输，否则就会撒泼生气，而且还经不起别人的批评。这种"输不起"的孩子的心理承受能力很差。下面案例中的多多就是这样的孩子。

多多今年6岁了，好胜心很强，赢了就手舞足蹈，输了就开始撒泼生气。

一天午后，妈妈拿出围棋，对多多说："多多，我们一起来下围棋怎么样？"多多听后连声答应。比赛第一局多多赢了，他开心极了，提高嗓音对妈妈说："哼，看，我就是比您厉害吧。"妈妈蛮有信心地说："这才是第一局，不要高兴得太早哦。"

第二局围棋比赛开始了，妈妈"集中火力"向多多发起进攻,步步紧逼。在妈妈将要赢的那一刻,多多生气地说:"不玩了,不玩了。"说着还把棋子使劲往地上扔。

妈妈有些生气地对孩子说:"你怎么输不起呀,只要是比赛都会有输赢的,输了也不能乱发脾气呀,你应该找出输的原因才对。"

这时,爸爸闻到客厅里的"火药味",静静地走过来,笑嘻嘻地说:"这棋子怎么掉在地上了?我知道了,肯定是妈妈输了,生气得把棋子扔在了地上。"

多多似乎意识到了自己刚才的行为有些过分,开始主动地捡起地上的棋子。

生活中，我们经常看到，孩子其他方面都很好，就是怕输，不敢承担输的后果。就像案例中的多多一样，赢了就手舞足蹈，输了就撒泼生气。

对于孩子的"输不起"，父母不要去苛责孩子，而应先接纳孩子的情绪，让他表达出来。比如，孩子输时会感到失望、生气、伤心，这是完全可以理解的，就像他赢时会感到高兴、骄傲、兴奋一样。孩子"输不起"的原因主要有以下几点。

1. 孩子在赞美中长大

孩子从小在赞美中长大，缺乏合理的批评和惩罚。父母要明白，盲目的、泛滥的赞美会使孩子产生错觉，这样他就会认为自己什么都行，什么都棒。这样的孩子最后只爱听表扬而受不了一点儿批评，只能赢而不能输。

2. 父母包办代替，孩子没有独立意识

生活中，许多父母总是帮助孩子打理好生活中的一切事务，让孩子无忧无虑，遇到困难，也不会独自想办法解决。这种没有独立意识的孩子在竞争过程中遇到失败，就会表现出逃避、退缩或放弃等。

3. 孩子从小生活在顺境中

父母总是尽力给孩子提供良好的成长环境，使孩子不受挫折、磨难。因此，孩子输了比赛后就不能适应，也没有抗压的能力。

然而，当今社会压力巨大、竞争激烈，"输得起"的精神很重要！那么，父母怎样做，才能让孩子"输得起"呢？

1. 父母言传身教，示范正确的态度

父母要言传身教，示范正确的态度。比如，爸爸修理自行车，总是修不好，这时爸爸可以对孩子说："怎么这么难呢，不过没有关系，只要认认真真找问题，一定能找到的。"又如，妈妈做鱼不但没做好，还糊了锅，这时妈妈可以对孩子说："真可惜，不过没有关系，我知道哪道工序出了问题，下次一定会做好的。"久而久之，父母的这种态度就会潜移默化地影响孩子。

2. 培养孩子乐观豁达的心态

生活中，一些父母经常这样教育孩子："他打你，你不会也打他呀？""你真无能，你不会跟他抢啊？"……这样的教育引导，怎么可能让孩子"输得起"？父母要培养孩子乐观豁达的心态。生活中，总有人比自己有能力，并且也会遇到各种各样的失败，孩子只有平静从容地去面对，内心才会强大，充满希望。

3. 告诉孩子成长比成功更重要

当孩子在竞争比赛中输了的时候，父母要告诉孩子成长比成

功更重要。只要孩子在比赛中尝试了、努力了、付出了,那就是最大的进步,而结果只代表孩子的过去,只要孩子分析自己这次输的原因,下次比赛就一定会比现在更成功。

给父母的话

小时候输不起的孩子,长大了也赢不了。对于孩子的输,父母一定不能过于强调孩子输了这一事实。这会导致孩子对结果过于执着,以为父母只在乎输赢,从而产生消极情绪。所以,父母在引导孩子时一定要委婉点,将重心放在思考和解决问题上。

谨防孩子陷入嫉妒的泥潭中

嫉妒是一种原始的情感,是人类心理中动物本能的表现。当孩子看到其他同学比自己成绩好,或受到老师表扬的次数比自己多时,就会容易产生嫉妒心理。

丹丹和凤凤两个人是很好的朋友。她们每天一起上学,一起吃午饭,还一起写作业。本来两个人的关系很亲密,但最近几天两个人的关系很僵,谁都不和谁说话。

到底是什么原因呢?原来,学校公布了小升初的成绩,而丹丹的成绩比凤凤高一些,考入了理想的重点中学。而凤凤没有考上,她慢慢地对丹丹产生了嫉妒心理,甚至开始讨厌丹丹。

一次,丹丹问凤凤:"凤凤,你要上哪所中学呢?"凤凤急了,把一个空瓶子往地上一甩:"跟你有关系吗?"丹丹听后,露出伤心的表情,什么话也没有说。

案例中，丹丹和凤凤本来是很好的朋友，然而却因为凤凤的嫉妒心理破坏了两个人的感情。嫉妒是孩子的一种正常的情绪，一般来说，并不需要格外重视。但如果嫉妒愈演愈烈，且严重影响到人际关系，则是一种恶性嫉妒，会冲昏孩子的头脑，使其做出一些让自己感到后悔的事情。

法国文学家巴尔扎克说过："嫉妒者比任何不幸的人都更为痛苦，因为别人的幸福和他自己的不幸都将使他痛苦万分。"孩子长期处于恶性嫉妒的情绪中，会产生压抑感，久而久之，就会给孩子造成不同的身心损伤，比如忧愁、怀疑、自卑、仇恨等。另外，恶性嫉妒还会影响孩子对事物做出正确的、客观的评价和判断，这会严重影响人际交往。

那么，父母该怎么做才能预防孩子陷入嫉妒的泥潭呢？可以从以下几个方面着手。

1. 不要拿自己的孩子与别人家的孩子做比较

一些父母总是喜欢拿自己的孩子与别人家的孩子做比较，其实，父母这样做只会加深孩子的嫉妒心。

比如下面案例中壮壮妈妈的做法就是不对的。

周末，壮壮的同班同学丽丽来到家中与壮壮一起做手工。壮

壮妈妈看到丽丽那么认真，出于鼓励，夸奖道："丽丽，你做的恐龙跟真的一样，比壮壮做的好看多了。"壮壮听到妈妈的话，立马把自己正在做的恐龙扔到一边，赌气说："做手工真没意思！"

"这孩子，刚才还说喜欢手工呢。"妈妈一边说一边做着家务活。可不一会儿，丽丽哇哇大哭起来。妈妈赶紧走过来，问丽丽："怎么了？"丽丽一边哭一边指着被撕掉的恐龙说："壮壮把我做好的恐龙撕坏了。"妈妈听后，开始责备起壮壮。

2. 父母要树立榜样，不要表现出嫉妒

父母是孩子的第一任老师，父母的一言一行都影响着孩子。因此，父母要给孩子树立榜样，在生活中不可表现出嫉妒等不良情绪，以免让孩子变成嫉妒心强的人。

3. 不要溺爱孩子

在家里，孩子都是父母的宝贝，但父母不能因为过分的宠爱就对孩子事事依从，这会使孩子的欲望越来越大、心胸越来越小。因此，父母不要溺爱孩子。

4. 帮孩子建立自信心

当孩子缺乏自信心时，会更在意自己的缺点，这种低人一等的感受会更容易刺激孩子的嫉妒心理。因此，父母要帮孩子建立

自信心，让孩子看到自己的优点。

作为父母，要善于发现孩子的优点，多多鼓励他，这有助于增强孩子的自信心。这种自信不但可以帮助孩子克服自己的嫉妒心理，而且有利于他塑造健康的自我。

5. 激发孩子把嫉妒转化为竞争意识

嫉妒是一把双刃剑。如果孩子的感情被恶性嫉妒控制，他就会满怀怨恨和报复之情，陷入怨念中无法自拔。这需要父母将孩子的嫉妒转化为竞争意识，也就是将孩子的负面情绪转化为积极的动力，从而更好地引导孩子明确自己要做什么，是嫉妒对方、贬低对方，还是自己努力去超越。

给父母的话

当发现孩子有嫉妒情绪时，父母一定要正确引导孩子。从另一个方面看，嫉妒其实是孩子在表达内心真实的想法，父母应抓住每一个了解孩子内心的机会，帮助孩子缓解嫉妒的情绪。

第六章

特殊情况，孩子心理承受能力的养成

通常来说，当我们预知一场危机将要降临时，比如父母离异、亲人离世等，都要让孩子做好心理准备。在一些特殊情况下，也要让孩子快速提高心理承受能力。

只有好的初衷是不够的，因为每当这些事情发生后，大人也承受着很大的压力，没有较多的时间和经历来帮助孩子。所以，心理承受能力的培养应作为一项持续的、预防性的育儿内容，通过这种惯例让孩子积聚力量，以应对特殊情况的发生。

父母离异，应减少对孩子的心理影响

近年来，社会经济迅速发展，婚姻家庭观念不断更新，离异现象越来越多。离异家庭中原本由夫妻关系、亲子关系组成的家庭结构轰然倒塌，家庭破碎对大人是一种伤害，对身心正处于发展阶段的孩子而言，更容易产生长期负面的影响，使其出现种种心理和行为问题。随着离异家庭数量的不断增多，这些家庭中孩子的心理健康问题已成为不可忽视的社会问题。

另外，父母离异对孩子而言并非是一个短暂的静止事件，而是会造成长期的伤害和影响。国外一项对离异家庭孩子的长期追踪研究也证实了这一观点，离异家庭的孩子在不同的人生阶段会产生不同的心理问题。

（1）在儿童时期，离异家庭的孩子会产生孤独感和困惑，并对父母产生怨恨，对生活产生恐惧。

（2）在青少年时期，离异家庭的孩子往往缺少父母的关爱，在外面容易接触各种人群，从而产生较多的行为问题，主要表现为对规则的不遵从。

（3）在成年时期，离异家庭的孩子往往排斥异性和婚姻或不敢生育。

父母离异对孩子的影响是巨大的，双方应尽量减少对孩子的心理伤害。在孩子的教育问题上，尤其要讲究方式和方法，要将爱和管适当结合，使孩子得到健康全面的发展。

1. 离异后不要向孩子灌输敌对情绪

离异后，与孩子生活在一起的不管是爸爸还是妈妈，都应努力控制消极的情绪，不要在孩子面前把对方贬得一无是处，向孩子灌输敌对情绪，而是要千方百计地为孩子营造和谐、宽松的家庭气氛。

2. 离异后让孩子与另一方经常联系

父母离异后，让孩子多与不在一起的爸爸还是妈妈常联系，使孩子在心理上得到安慰与满足。让孩子知道，即使爸爸妈妈不在一起了，父母对他的爱也永远不变。要做到这一点，需要父母双方配合。

3. 离异后不能把孩子当作报复对方的武器

一些父母离异后，为了报复对方，把孩子当成了自己的武器。这样的行为对孩子的影响极其恶劣，要马上停止。不管父母之间有多大仇恨，孩子是无辜的，不能把大人之间的恩怨转移到孩子的身上，而应以理性和宽容对待曾经伤害你的人。

4．应理智地爱孩子

在离异的家庭中，爸爸或妈妈往往会更加可怜孩子，什么事情都依着孩子，不让孩子受一点儿委屈。久而久之，孩子就会变得自私、专横和任性。而有的爸爸或妈妈对孩子的教育方法简单粗暴，动不动就打骂孩子，使孩子经常生活在惊恐不安之中，个性发展受到严重的损伤，逐渐形成孤僻、胆小、倔强、缺乏自信心等不良品质。因此，父母离异后，应理智地爱孩子。

5．心平气和地跟孩子说明原因

父母可以根据孩子的年龄用他能理解的语言，心平气和地跟孩子说明爸爸妈妈分开的原因。不必过于担心孩子会接受不了，事实上孩子最后还是能理解父母的。

6．教会孩子应对别人的异样眼光

父母离异后，孩子会不可避免地面对别人异样的眼光，可能别人会对孩子说"你的爸爸妈妈离婚了，你没有爸爸（妈妈）了"，孩子听到这种刺激的语言，心里会感到很自卑、气愤等。作为父母的其中一方应尽量正确引导孩子，教孩子如何回答这种伤害性的话语。虽然做起来有点难，但努力去改变，孩子慢慢地还是能接受的。

给父母的话

如果生活在一起的男女双方无法再生活下去，离婚无疑是他们最好的选择。但是在离婚之前，一定要解决好孩子的问题。不能给孩子一个完整的家，就请努力给孩子一个比较完整的内心世界吧。

孩子被同学欺凌,及时解决问题很关键

校园欺凌是世界各国中小学校园中普遍存在的现象。早在20世纪70年代,挪威伯根大学的心理学教授丹·奥维斯就在瑞典和挪威对中小学校园欺凌现象进行过系统的研究,之后欧美许多国家的心理学家都对本国中小学校园欺凌行为展开了研究。校园欺凌的普遍存在及其严重后果引起了世界许多国家教育机构和公众的广泛关注。

下面是被欺凌孩子A的妈妈在网上发文的大致内容:

课间,儿子在厕所小便,随后他的两个同班同学也跟了进去。其中一个男生堵在门口大喊:"快打开门,我要看你的屁股。"另一个男生则从旁边的隔间将垃圾倒在了儿子的头上。那两个男生见状,"哈哈哈"一阵嘲笑后便跑掉了。这个事件的过程不到一分钟。事情发生后,儿子满脸污秽,哭着进行了清理。

回家后，儿子出现了易怒、入睡困难、极度缺乏安全感、情绪激动等症状，并被医生诊断为"急性反应过激"。

遭受欺凌的孩子容易出现抑郁、内向、焦虑、自卑、失眠、学习成绩下降、学习困难、上课注意力不能集中、逃学、社交障碍等状况，严重的还会出现自残，甚至自杀现象，严重影响了孩子的身心健康发展。

另外，《美国精神病学杂志》发布的一项新研究发现，童年时期遭受的欺凌，其影响可能会从童年时期一直持续到中年时期，并且在中年时期会有较大的抑郁、焦虑等风险。

孩子在学校受到同学欺凌时，做父母的都会特别心痛。一些父母会让孩子自己去反抗，甚至还带孩子学跆拳道等，但是"打回去"并不能解决实际问题。还有的父母为了孩子以后不被欺凌而忍气吞声、息事宁人。这些做法都是不对的。

那么，当孩子被同学欺凌时，父母应如何做呢？

1. 保持冷静，认真倾听孩子的话

孩子在讲述欺凌事件时，不管情绪是平静的还是激动的，父母都应先保持冷静，认真倾听孩子的话并做出回应，让孩子明白这种情况是完全能够控制的。

父母还可以对孩子表达共情，比如父母可以这样对孩子说："听到这件事情，我感到非常难过。"这样的话语会给孩子传达这样的信号：他所描述的这件事情并不是成长过程中的常态。

2. 告诉老师前要先询问孩子的意见

当父母决定要告诉老师前，应先询问孩子的意见。如果孩子想自己告诉老师，父母可以陪着孩子一起去；如果孩子不愿意自己说，父母可以单独去找老师，说明孩子的情况。

3. 联系对方孩子的父母

父母可以联系对方孩子的父母，必要时双方父母可以见面详谈一下事情的经过，告诉对方自己的想法，以避免自己的孩子以后再受欺凌。如果经双方协商后，孩子仍被对方欺凌的话，父母应考虑让校方来解决。

4. 追踪随访

校园欺凌并不是一次单一的恶劣行为，而是重复发生的。因此，进行追踪随访是很重要的。父母应随时和孩子保持联系，和学校的老师保持联系，确保孩子不再被欺凌。

最后，父母还需要注意的是，当孩子出现以下情况时，很有可能是受到了同学的欺凌。

（1）突然不愿去学校。如果孩子突然说不愿意去学校了，那么排除厌学，孩子很有可能是因为在学校里出现了一些不愿面对和处理的事情。这时，父母要多观察孩子，看孩子是不是在学校受欺负了。

（2）情绪变化异常。原本活泼开朗的孩子突然变得闷闷不乐、反应过激、胆小怕人，父母就要加以重视了。

（3）身体出现伤痕。孩子放学回到家中，如果身上带着伤痕或衣服很脏，很明显就是打架造成的。但如果孩子非要说是自己摔倒弄伤的，父母就要重视起来了。

（4）长期抱怨学校里的同学。这时，父母要行动起来，赶紧弄清事情的真相，查明孩子是否遭到了同学的欺负。

给父母的话

孩子被同学欺凌，这会给他带来严重的心理影响。但这种现象往往被父母、老师忽略。另外，被欺凌的孩子担心被报复，害怕让更多的人知道，常不愿意告诉父母或老师。因此，父母要多关心孩子、观察孩子，如发现有问题，一定要及时解决。

亲人离世,正确引导孩子走出悲痛

亲人的离世会给家庭中的成员带来很大的伤痛,尤其是孩子。中国的很多父母都不愿意跟孩子谈论死亡,生怕孩子幼小的心灵受到伤害。

4岁的壮壮从小是由爷爷带大的,所以和爷爷的感情很深。可是,爷爷因病住院了,而且病情很严重,妈妈对壮壮说:"壮壮,今天去医院看看爷爷去吧。"壮壮用力地点点头说:"嗯嗯,我也好想爷爷,过两天爷爷是不是就能回来了?"妈妈有些难过地低下头,什么话也没说,事实上爷爷已经快不行了。

到了医院,壮壮看到了爷爷,可是爷爷不能说话,也不能吃饭了,只是不停地输着液。壮壮有些害怕,情绪也很低落。过了几天,壮壮见家里人再也没去医院,只看到他们悲伤的表情,于是问妈妈："爷爷呢？我很想爷爷。"妈妈蹲下来说："壮壮，爷爷去了一个很远的地方，再也不回来了。"

可妈妈的这些话并没有消除壮壮内心的疑问和恐惧，在接下来的日子里，壮壮每天晚上都会从梦中惊醒，哭着喊"好害怕，好害怕"，妈妈问怎么回事，他却不说，只说"好害怕"。

孩子的心智尚未健全，人格尚未定型，对亲人离世的理解与大人不同，如果解释不当，可能会给孩子的心灵造成伤害，甚至会影响孩子未来的健康成长。作为父母，这时应该积极帮助孩子消除这种悲痛，一定不要掉以轻心，不要以为孩子还小，理解不了这人世间的生离死别。

那么，有关亲人离世，父母应如何正确引导孩子呢？

1. 不同年龄段采取不同的解释

要让孩子面对亲人离世，父母不能生硬地用大人的方式去解释。因为孩子在不同的年龄阶段，对死亡的认知水平有很大的差异，父母应根据孩子心理的发展特点有所调整。

（1）对于3岁以下的孩子。这个阶段的孩子对死亡没有概念，也很难明白死亡的概念。父母可以用比喻、拟人的方式跟孩子解释亲人离世的问题。比如，孩子的玩具坏了，无法恢复，就是死亡了。

（2）对于3~6岁的孩子。这个阶段的孩子已经有了一定的认知能力，对死亡有一定的理解。父母可以这样跟孩子解释亲人离世："小花小草通常在春天、夏天的时候生长，到了秋天和冬天就会慢慢凋零、枯萎。人也一样，会经历从出生、长大、成熟到死亡的阶段。"

（3）对于6~12岁的孩子。这个阶段的孩子已经具备了独立性，和大人一样有悲伤的情绪，这时，父母就不能用比喻等方式去解释亲人的离世了，可以这样对孩子说："他死了，没有生命了，心脏不跳了，也不能呼吸了。"也就是说尽量从科学的角度，诚实地告诉孩子死亡是一种自然现象，无法避免，让孩子以科学的眼光看待这件事情。

2. 态度要平静，语言要温和

父母跟孩子谈论这件事情时态度要平静，语言要温和，不要使用过度的神情和语句，以防孩子被父母的反应吓着，对死亡产生过度的恐惧感。

3. 允许孩子发泄悲痛情绪

如果孩子由于悲痛而大哭，父母千万不要说"不要哭了"之类的话，而应允许孩子发泄悲痛情绪，并接纳他的任何反应。

4. 让孩子远离哀悼的环境

尤其是年龄较小的孩子，对死亡的概念不太了解，很容易受到外界的刺激，如果让孩子处于那种环境中，很容易让孩子加深对死亡的误解和恐惧。这个时候，父母应让孩子远离哀悼的环境，转移他的注意力。

5. 尽早恢复孩子的正常作息时间

父母应尽早恢复孩子的正常作息时间，让孩子回到学校参加正常的学习和生活，因为回到熟悉的环境中，有助于缓解孩子的压力。

最后，如果孩子在你的安抚下没有得到缓解，就要尽快请求心理医生的帮助，让心理医生给你专业的指导，告诉你如何在恰当的时机说恰当的话语，从而避免孩子受到更大的伤害。

给父母的话

父母对孩子进行死亡教育是很有必要的。不可否认，孩子的心理比大人的更脆弱，但我们不能因此就蒙上孩子的眼睛、捂住孩子的耳朵，不让他懂得什么是死亡。采取正确的方式让孩子明白"生"与"死"，孩子会更加热爱生命、珍惜生命。

家庭关系不和，实施家庭自我保养

在日常生活中，父母关系不和，常常成为妨碍孩子健康成长的主要原因之一。在父母关系长期存在矛盾冲突的家庭，孩子的情绪也非常紧张，很容易出现行为异常以及心理扭曲等心理方面的疾病。

那么，父母关系不和，具体会对孩子产生哪些影响呢？

1. 容易使孩子形成不良的性格

父母关系不和，会给孩子造成心理创伤，容易使孩子形成不良的性格。这种家庭的孩子，性格大多具有暴躁、多变或者胆怯、迟钝、犹豫不决等特点，并会在以后的性格特征中逐渐显现出来。

2. 使孩子不自觉地卷入斗争中

家庭治疗大师莫瑞·鲍恩有一个重要的三角理论：当一个二人系统遇到矛盾问题时，就会自然地把第三者扯入他们的系统中，作用是减轻二人间的情绪冲击。

在父母不和的家庭环境中,由于孩子对其中一个人的焦虑或者对两个人的冲突比较敏感,出于拯救家庭的愿望,孩子就会把自己卷入这种两人关系中,因此会和父母形成一个三角关系,以此来降低冲突。

12岁的杰克学习成绩不错,也很懂礼貌,但父母的关系让他很烦恼。妈妈是个强势的人,总嫌弃爸爸没有出息,对家庭不负责任,而爸爸也很固执,认为妈妈事事苛求,咄咄逼人。在将近半年的时间里,杰克的父母三天一小吵,五天一大吵,渐渐地,杰克的行为出现了一些异常,父母一吵架他就离家出走。

一次,杰克离家出走后,去了班主任的家里,刚一见到班主任,杰克的眼泪就止不住地往下流。他哭着对班主任说:"父母经常吵架,我有时晚上睡不着觉,很害怕父母离婚。所以父母吵架时我就会离家出走,我知道,只要我离开,爸爸和妈妈就会到处找我,他们就能和好,也顾不得吵架了。"最后,班主任把这些话告诉了杰克的父母,他们感到愧疚极了,并下决心好好维护这个家庭。

3. 影响孩子的人际交往

生活在父母关系不和的环境中,孩子总是看到父母之间的那种互相敌视、对立的关系，这会使他变得不相信人与人之间的友好、亲切关系，并过早地对人际关系感到失望，从而影响到孩子将来的人际交往。

4. 增加孩子发生心理病变的概率

父母经常争吵、闹矛盾，会使孩子的心理受到很大的创伤。长期生活在这样的环境下，会导致孩子神经官能症的发生，还有可能造成孩子神经系统的紊乱。

既然我们知道父母关系不和会给孩子的健康造成很大的影响，那父母两个人就应理智地去看待问题。如果您身处这样的境地，或家庭里有这样的苗头，就要进行家庭自我保养。

1. 找到维护家庭的共同理念

夫妻应找到家庭成员间为了维护家庭而形成的共同理念。比如，需要彼此相互依赖不能有个人空间才能维护家庭完整，还是过度牺牲才是家庭完整的表现。两个人需要去思考一下到底这个理念是否科学和合理，然后找到一个维护家庭的共同理念。

2. 了解原生家庭对对方的影响

夫妻双方应研究一下对方原生家庭表达爱的方式以及产生冲突时的处理方式，这有助于彼此更好地明白他/她是如何成长的。

3. 夫妻之间的问题不要转嫁到孩子身上

在家庭中,夫妻关系是根本,夫妻问题夫妻解决,两个人应约定好不要将夫妻之间的问题转嫁到孩子身上。父母尤其要注意不要向孩子抱怨对方,也不要让孩子传达大人之间的负面意见,这对孩子来说是很大的压力,会让孩子内心产生冲突,从而阻碍孩子心理和行为的积极发展。

4. 夫妻双方应共同尝试新的沟通方式

良好的沟通是家庭稳定的基础,因此,夫妻双方应相互尊重对方,让其充分表达自己和自己的想法,而不是强势一方压倒弱势一方。

夫妻双方应共同尝试新的沟通方式,比如,彼此的称谓不用"他/她",而用"亲爱的/(对方昵称)"等。

给父母的话

良好的父母关系,关系到孩子的健康成长与人格的塑造,也为孩子以后的婚姻奠定了坚实的基础。孩子是爱情的结晶,父母感情和谐、婚姻生活幸福,是孩子成长最好的保障。

重新组合的家庭,给孩子完整的爱

如今,越来越多的家庭是离异后重新组合的。毫无疑问,在离婚这场战役中,家庭中的每个人都会受到伤害,其中受伤最深的就是孩子。

在一个重新组合的家庭中,5岁的王小贝跟着妈妈,7岁的董小雨跟着爸爸。最近,由于工作的原因,父母都出差了,两个孩子就交给了保姆照顾。

一天,王小贝和董小雨为了一个毛绒玩具争执起来。王小贝大声说:"这个毛绒玩具是我的,你不能玩!"董小雨却理直气壮地回答道:"为什么我不能玩!这是用我爸爸的钱买的,也就是我的。跟你一点儿关系都没有,你才没资格玩呢!"

王小贝听完,心里很难受,眼泪在眼眶里打转,随后气势汹汹地抓起毛绒玩具狠狠地扔在了地上,喊道:"你爸爸买的,我才不稀罕呢。"董小雨见状,便七手八脚地和王小贝打了起来……

对于重新组合的家庭来说,由于继母或继父以及他们子女的出现,使得家庭结构更加复杂化。孩子的心理适应能力还较弱,难以承受家庭的巨大变化。另外,父母的离异已经使孩子经历了一次磨难,而当父母再婚,重新组合家庭后,孩子面对陌生的家庭成员,又会产生心理上的芥蒂。长此以往,会给孩子的身心发展带来不利的影响。

因此,为了让家庭成员和睦相处,让孩子与家庭新成员建立互信、互爱的关系,父母要主动拉近孩子之间的距离,加强成员间的沟通,尽可能在精神上满足孩子,给孩子完整的爱。

另外,在重新组合的家庭中,父母双方具体还应注意以下方面,从而有利于孩子心理的积极发展。

1. 不要否定孩子亲生父亲或母亲的存在

在孩子面前,不要否定他的亲生父亲或母亲的存在,不应说他们的不是,而应尊重和接受他们的存在。

2. 给孩子更多的爱

对于重新组合家庭中的孩子来说,他更渴望得到爱。为了家庭的和睦，继父或继母应该给孩子更多的爱，花更多的时间去陪伴他，相信孩子会被感动，进而接纳你和你所带来的孩子。

3. 不要设想替代孩子的亲生父亲或母亲

不管如何，孩子的内心都会给自己的亲生父亲或母亲保留一席之地，因此，千万不要设想替代孩子的亲生父亲或母亲。如果孩子愿意喊你"爸爸"或"妈妈"，是很好的结果；但如果孩子不愿意，也不应强求。给孩子的内心留有一片自由的空间，尊重孩子就是爱孩子。

4. 引导孩子之间相互爱护、谦让

像上面的案例就是一个反例，父母要引导孩子之间相互爱护、谦让，才能建立和谐的关系，发展浓浓的亲情。

给父母的话

在重新组合的家庭中，孩子的心理健康问题是一个不容忽视的重要问题。作为父母，除了要享受个人情感生活与自由选择外，还需要给孩子完整的爱，让孩子感受到新家庭的温暖，获得心灵的回归。这样，父母才能称得上是称职的父母，整个家庭才会和睦。

第七章

给予关爱,父母的陪伴让孩子不断成长

在生活和学习中,孩子会不可避免地出现不合群、遭遇误会、被嘲笑等问题,父母需要给予孩子爱的陪伴和朋友式的相处,这样才能更容易理解孩子的内心世界,及时发现孩子的问题并给予解决,使孩子的心灵健康成长。

缺少关爱的孩子,更容易出问题

英国某慈善机构曾调查2000个孩子来探究孩子被忽视的经历,结果发现:被忽视的孩子更容易出问题,也更可能做出不利于健康成长与发展的事情。

周五下午,小雨兴高采烈地拿着试卷,跑到妈妈的面前。

小雨对妈妈说:"妈妈,这次期中考试,我英语考了96分。"

妈妈一边做着家务,一边淡淡地说:"哦,是吗?"

"嗯,这次我终于超过了我心中的目标——丹丹。老师还夸我进步很大呢。"小雨高兴地说,脸上还带着得意的笑容。

"知道了。今天有作业吗?快去写作业吧。"妈妈好像没有听到小雨说的话,也没有注意到他兴奋的表情。

小雨看到妈妈这么不关心自己,感觉很失望,低着头走进了自己的卧室。

面对孩子的教育，有的父母非常关注，而有的父母则对孩子不管不问，态度非常冷漠，这会让孩子很难承受。就像案例中小雨的妈妈一样，她对小雨的好成绩表现得很冷漠，没有对小雨说任何鼓励和表扬的话。长期缺乏关爱的孩子必定会产生压抑的不良情绪，心理上也更容易出现问题。

心理学家做过"面无表情实验"，具体就是让妈妈面对孩子的时候，不说话、面无表情。在这种情况下，孩子先是很困惑，然后很焦虑，他向妈妈微笑、挥手、牙牙儿语，想引起妈妈的互动，但妈妈都无动于衷。当孩子试图用自己的行为让妈妈笑，而妈妈依旧板着脸时，孩子会有些无措，甚至大哭。

在这个实验中，妈妈对孩子的不回应仅仅是两分钟，就引起了孩子的不良情绪。那么，如果妈妈经常对孩子的需要和信号不做回应，将会对孩子的心理造成很大的伤害。

因此，父母要懂得关爱孩子，从而减少孩子内心的冲突和困扰的情绪，使其获得愉悦、幸福的心理体验。

1. 善于倾听孩子的话

父母应善于倾听孩子的话，从孩子的倾诉中真切地感受和把握他的喜怒哀乐。在这个基础上，父母才能真正了解孩子在想什么、要求什么、希望什么。孩子感受到爱与理解，更有利于他的身心健康。

2. 让孩子知道父母确确实实欣赏他

父母要把对孩子的关心、感兴趣和赞许表露在脸上、声音里和抚摸中。孩子可能对父母的格外热情没有什么反应，但父母不要中止这种关心，不要期待孩子的感激和回应。其实，孩子已经在内心接受了父母的关心和爱护，也许会在某个时间以某种方式回应父母的爱。

3. 在孩子的话语中发现不良情绪的端倪

父母要多和孩子沟通，并善于在孩子的话语中发现不良情绪的端倪，并给予必要的抚慰。当然，这需要父母首先走进孩子的内心，让孩子自愿向自己倾诉。

给父母的话

持续得到父母给予的温暖的关爱、体贴的照顾以及肯定的回馈，有助于孩子积极心理的形成和情商的发展。因此，父母要懂得如何去爱孩子。

父母要经常充当孩子的玩伴

玩，是孩子的第一任务。许多父母认为，孩子应该和小朋友一起玩才最高兴，而事实并非如此。其实，孩子最期望的玩伴是父母。

可惜不少父母并没有注意到这一点，他们总是以工作太忙等借口拒绝陪孩子玩耍，或在孩子玩意正浓时中途退出。父母的这些行为不仅不利于孩子的身心健康成长，还会影响亲子之间的情感交流。

还有一些父母认为，自己根本不会玩。曾经经历过童年的父母，难道真的是不会玩吗？应该是暂时忘记了，忘记了自己童年时的那份好奇和新鲜，无法重新融入孩子的有趣世界。

另外，还有一些父母认为，自己天天都在陪伴孩子玩。比如周一上培训班，父母在一边坐着，拿着手机，等待着孩子；周二有钢琴课，孩子练琴，父母在一旁无聊，则拿起手机……但是，即便父母如此花费时间和金钱,孩子却还常常抱怨父母"您为什么不陪我玩"。其实,这类父母或许没有弄清"陪伴"和"玩伴"的概念,陪伴是与孩子一起度过没有情感交流的共同时光;而玩伴是父母的内心要完全变成与孩子一样的同龄人,和孩子一起玩耍。做孩子的玩伴才是真正的陪伴。

那么,父母要想成为孩子的玩伴,应如何做呢?

1. 再忙也要抽出时间

陪伴是世界上最重要的事。《富爸爸穷爸爸》一书里有句话:"所谓成功,就是有时间照顾自己的孩子。"

而许多父母的最大难题是没有时间。每当孩子说:"陪我玩一会儿好吗?"父母总是回答:"我哪有时间陪你玩。"由于工作压力大或者生活观念的不同,越来越多的"80后"父母将抚养、陪伴孩子的责任交给了老人。而这样做是非常不负责任的表现,作为父母,应负起责任来,再忙也要抽出时间陪陪孩子,因为陪伴才是给予孩子的最好的爱。

2. 多陪孩子玩游戏

多陪孩子玩游戏,既能培养孩子的各种能力,又能满足孩子的心理需求。比如父母和孩子一起玩角色扮演游戏时,可以让孩子在游戏中扮演"妈妈",从而让孩子体验做妈妈的感受。

父母要注意，陪孩子玩游戏不能做孩子的"指挥官"，如不能说"拍皮球多没意思，我们去玩滑梯"之类的话，更不能取而代之，父母完全入戏玩起了孩子的游戏。

3. 父母要找回自己的"童心"

父母要想成为孩子的玩伴，首先要成为孩子的朋友；而要想成为孩子的朋友，父母先要把自己当成孩子，找回自己的"童心"。

4. 成为与孩子有共同兴趣的伙伴

许多父母总是看不透孩子的想法，不清楚孩子到底对什么感兴趣。其实，只要父母坐下来，认真观察孩子，就会发现孩子对不同的事情会有不同的态度。当发现孩子感兴趣的事情后，父母可以热情地参与进来，成为与孩子有共同兴趣的伙伴。

给父母的话

每一个人都有自己的童年，可人们一旦长大，就把自己的童年忘了，一味以成人的标准去要求孩子。如果父母能够经常回忆自己的童年，将心比心，遇到问题替孩子设身处地想想，就很容易理解孩子了。

朋友般相处，孩子更愿与父母分享内心的想法

一些父母认为跟孩子朋友般地相处就失去了身为父母的尊严，"孩子不怕我，我还怎么管他"；也有的父母说，"七分做朋友，三分当父母"。

其实，父母只有和孩子朋友般相处，才能赢得孩子的信任。而父母只有走进孩子的内心，才能真正了解孩子的内心世界。

一天，爸爸像平时一样，给子航辅导作业，可是讲了一遍又一遍，子航一边玩弄着手中的卡通橡皮，一边说："听不懂，听不懂，太难了。"

爸爸看到儿子这种状态，生气地说："子航，爸爸每天下了班还要辅导你写作业，你能不能懂点儿事？！这样，这些题你自己做，我一会儿过来检查。如果做不完，你就等着挨打吧。"

接着，爸爸把书本一推，气呼呼地离开了书房。而子航根本

就不会做这些题,但听到"挨打"这个词,他心里害怕极了。因为,他已经领教过爸爸的"厉害"了。

过了一会儿,爸爸的怒气消了,觉得自己刚才那样对待儿子有些过分,于是,悄悄地推开书房的门,不料,正看到儿子坐在那里抹眼泪。

爸爸敲了敲门,咳嗽了一声,然后对子航说:"儿子,刚才爸爸是不是太凶了?爸爸向你道歉,刚才是爸爸不好,你能原谅爸爸吗?"而子航歪着头背对着爸爸,表示还是不肯原谅。

这时,爸爸突然蹲下身来,双手抱着子航:"爸爸真诚地向你道歉还不行吗?"子航难以置信地抬起头,抱着爸爸说:"爸爸,您怎么了?平时您都是一副严厉的样子。""以后爸爸不会像以前那样发脾气了。"爸爸回答道。

子航深深地吐了一口气,高兴地说:"我以后也不会像刚才那样不专心学习了。"两个人一边哈哈大笑,一边勾起手指说:"一言为定。"

从此以后,子航和爸爸的关系越来越好,爸爸再也没有像以前那样高高在上地跟孩子说话,每当两个人发生分歧时,爸爸都会放下架子,用一种商量的语气和孩子协商。

渐渐地,子航也会告诉爸爸许多自己的小秘密。爸爸总是认真倾听，有时还给子航提出一些建议和自己的想法，对于这些建议和想法，子航往往都会乐于接受。

案例中，一向严厉的子航爸爸选择了和孩子像朋友般相处，让孩子感受到了平等，感受到了爸爸的理解和信任，自那以后，两个人的关系更加亲密，孩子更愿意把生活中、学习中的困难以及内心的小秘密告诉爸爸。子航爸爸的这种教育方式是正确的，这让父母更了解孩子，从而能够及时地帮助孩子。

美国教育专家在家庭调查中发现，孩子对父母有特殊的信任，他往往把父母看成是学习上的蒙师、德行上的榜样、生活中的参谋、感情上的挚友。他也特别希望得到父母的理解和信任，像朋友一样和父母平等地交流。因此，父母要和孩子像朋友般相处，这样才能走进他的内心。

那么，父母如何做到和孩子像朋友般相处呢？具体可参考以下几个方面。

1. 父母要尊重孩子

和孩子相处，一个重要的原则就是尊重孩子，把孩子看作一个独立的个体。生活中，许多父母不尊重孩子，总是拿自己的想法去衡量孩子的思想，这会使父母与孩子之间产生隔阂。

父母应尊重孩子的每一个想法，不管它合不合理，都不应责骂孩子。

2. 尝试做一个孩子

著名的教育家蒙特梭利说："如果你想和一个5岁的孩子沟通，首先你要做的一件事情就是变成一个5岁的孩子。"

也就是说，父母要想和孩子更容易沟通、相处，就必须尝试做一个孩子，站在孩子的角度去理解孩子，和孩子在感受上产生共鸣。

3. 不要总是呵斥孩子

当孩子犯错了，父母不要总大声呵斥孩子，这不仅达不到教育的目的，还会对孩子的心理造成伤害。

面对犯错误的孩子，父母应控制自己的情绪，利用合理的方式和方法，循循善诱地教导孩子，耐心帮助孩子指出错误并帮其改正，这样孩子会更容易接受父母的。

4. 父母做错了事情要道歉

父母要和孩子像朋友般相处，就要从人格上和孩子真正平等。当父母做错了事情时，要真诚地向孩子说"对不起"，不能因为害怕丢面子而不去向孩子道歉。

给父母的话

父母和孩子像朋友般相处,更能拉近彼此的距离,使孩子更愿意敞开心扉,分享自己的真实想法。教育家苏霍姆林斯基曾说:"如果孩子不愿意把自己的欢乐和痛苦告诉父母,不愿意与父母坦诚相见,那么谈论任何教育都是可笑的。"

孩子不合群？帮助他融入集体

我们每个人都需要有一定的交际能力，孩子也是如此，因此要从小培养孩子良好的交际能力。但是很多父母发现，有些孩子在和小朋友交往的时候很不合群。

下面案例中的鑫鑫就是这样一个孩子。

鑫鑫是一个比较内向的孩子，他不太喜欢和其他小朋友玩。每天放学和周末的时候，他总喜欢待在家里，玩他最喜欢的电子游戏或独自玩玩具。

妈妈对鑫鑫的不善交往有些担心，于是总想方设法地创造机会让鑫鑫和其他小朋友一起玩。一次，妈妈把正在门口玩的东东叫到了家里，让东东和鑫鑫一起玩。妈妈向屋内喊道："鑫鑫，快出来，东东来找你玩儿了。"鑫鑫怯生生地大声回应道："我想自己一个人玩。"

妈妈很无奈。即便当鑫鑫与别的小朋友在一起的时候，他也总喜欢坐在后面，观察其他的人。

孩子不合群的现象具体表现为喜欢离群索居，不愿意也不善于与人交往，久而久之就容易形成孤僻、自私、自卑、烦躁、失落等不良性格，甚至产生病态心理，影响其身心的健康成长。可是，由于各种原因，比如父母怕孩子有什么闪失，平时很少带孩子出门，都在家里"圈养"；家里人都溺爱孩子，当孩子和其他人交往时，常常因为各种不顺心而使孩子不愿意与人交往等，这些都会使孩子变得不合群。

合群是人际交往的内驱力，是人际交往的心理基础。心理学家把"合群"，即建立良好的人际关系评为孩子心理健康的重要标准。另外，大量调查表明，合群的孩子在知识范围、语言表达、人际交往等方面都明显优于性格孤僻、不爱交往的孩子。这些孩子比较热情、活泼、大胆、勇敢。

那么，父母应怎样培养孩子合群呢？

1. 多给孩子提供锻炼的机会

父母应利用闲暇时间多带孩子去公园或亲戚朋友家玩，积极创造条件让孩子与小朋友一起玩耍。或邀请其他小朋友到家里玩，让孩子当小主人，拿出自己的玩具和零食来招待小朋友，让孩子在这个过程中学习如何与人交往。

2. 鼓励孩子多参加集体活动

父母应鼓励孩子多参加集体活动，让孩子在集体活动中学会怎样与人相处。在这个过程中，父母不要害怕孩子在集体中"吃亏"，一味要求孩子自顾自。这样做表面上似乎是爱孩子，实际上会使孩子在集体活动中得不到锻炼。

3. 教孩子与人交往的技巧

实际上，孩子是倾向群体的，但由于缺乏与人交往的技巧，随着交往日益频繁，孩子间的矛盾冲突迅速增加。因此，父母需要教给孩子正确与人交往的技巧。

（1）让孩子明白良好的品行是成功与人交往的基础。比如与人交往时，教孩子应表现得热情大方、懂得分享、愿意帮助别人等。

（2）教孩子初次与人见面时主动与之交往的技巧。比如教孩子热情大方地介绍自己并邀请对方一起玩，或主动热情地把自己的玩具给小朋友玩、相互拉拉手等。

（3）鼓励孩子学会与他人友好协商。因为，在孩子与人交往的过程中，难免会发生冲突，这就需要父母培养孩子的平等、交换、共享等意识，而这些意识必须在学会友好协商的基础上才能达成。

4. 观察孩子与其他人的互动，并给予积极正面的反馈

当孩子进入一个新的环境，比如转到一所新的学校，或加入一个集体活动时，父母在现场的话，可以观察孩子与其他人的互动，从中发现孩子在人际交往中表现好的方面和不好的方面。然后，给予孩子积极正面的反馈。反馈的形式可以是提建议、赞赏或支持。在提建议时需注意以下事项。

（1）不要用打击孩子的语气说话，比如："如果你用这种方式加入群体中，他们以后都不和你玩了。"

（2）用建设性的语言提出批评，比如："下次和对方说话时，你可以面带微笑。"

（3）用正面的程序开场，比如："我喜欢你清晰、淡定地表达自己的看法。"

给父母的话

要让孩子变得合群，不是一朝一夕的事情，父母不要急于求成，而要在生活中有目的、有意识地培养孩子的社交能力，让孩子将来成为一个善于与人合作、能适应社会的人。

孩子遭遇误会？引导孩子主动去消除

在孩子成长的过程中，被人误会是经常发生的事情。由于孩子暂时还不具备处理事情和判断事情的能力，当面对别人无谓的"指控"时往往处于有口难辩、有理说不清的境地，所以他只能委屈地向父母求助，祈求能够从父母那里得到安慰。

周五，蕾蕾放学回到家，低着头无精打采地向妈妈打招呼："妈妈，我回来了。"正在做饭的妈妈察觉到蕾蕾有些不对劲，问："蕾蕾，今天怎么了？好像有些不开心呀，遇到什么事情要跟妈妈说啊。"

蕾蕾放下手里的书包，委屈地对妈妈说："我被同学误会了。""嗯，是吗？到底是怎么回事？"妈妈疑惑地问。

"上午第二节课，老师要求我们写新字词，写着写着，我旁边的童童找不到自己的铅笔了，然后就说是我偷的。"蕾蕾说，

"我一直在写字,我自己有铅笔,干吗要拿她的!"

"那你跟同学解释了吗?"

"我说了我没拿,可她还对我不依不饶,非说是我偷了她的铅笔,还要搜我的书包。"

蕾蕾又生气又伤心,这是她生平第一次尝到被人误会的苦涩滋味。

妈妈摸着蕾蕾的头说:"蕾蕾,不要伤心,找个机会解释清楚就好了。"

这种事对我们成人早就不新鲜了,谁没在成长的过程中被人误会,甚至中伤过呢。《弟子规》里说:"见未真,勿轻言;知未

的，勿轻传。"但在现实生活中，很多的误会都是在不了解事实真相的情况下轻率得出结论所导致的。

父母要告诉孩子，被人误会是别人对他一时的错误看法和评价。同时，父母看到孩子被人误会也不要过于紧张，不要看到孩子受了点委屈，就马上替孩子去找对方解释和理论，这样或许能够很快消除误会，使孩子暂时舒心，但最终不一定有好的结果。

1. 站在孩子的角度体谅、理解他

当孩子被人误会时，父母要站在孩子的角度体谅、理解他，并与孩子进行深入的沟通，理解孩子的内心感受。

2. 引导孩子坦然面对，主动消除误会

父母可以以自己的经历或一些杰出人物的经历为例，让孩子懂得被人误会是经常发生的事，关键是要坦然面对，并主动消除误会。同时，要让孩子明白，这不仅能提高他的抗挫折能力，还能锻炼他处理人际关系的能力。

3. 父母要引导孩子宽容他人

宽容是一种非常珍贵的品质，它主要表现为对别人过错的原谅。一个心胸宽广的人才能拥有高远的眼界，才能在事业上收获成功，在生活中收获幸福。因此，父母要教育孩子以宽容的心去

看待已经发生的事，养成善待他人的好习惯。父母可以给孩子讲讲下面的小故事。

三国时期的蜀国，诸葛亮去世后，蒋琬继其执政。他有个属下叫杨戏，性格孤僻，讷于言语。蒋琬与他说话，他只应不答。有人看不惯，就在蒋琬面前嘀咕："杨戏这人对您如此怠慢，太不像话了！"蒋琬坦然一笑，说"人嘛，都有各自的秉性，让杨戏当面说赞扬我的话，那不是他的本性，让他当着众人的面说我的不是，他会觉得我下不了台。所以，他只好不作声了。其实，这正是他为人的可贵之处。"后来，有人称赞蒋琬"宰相肚里能撑船"。

给父母的话

在孩子遇到困难时，父母应给予他适当的建议和引导，让孩子独立解决自己的问题，这不仅能培养孩子独自处理问题的能力，还能磨炼孩子的心理韧性。

孩子被嘲笑？教给孩子有效应对的方法

孩子处于儿童时期时被别人嘲笑是非常普遍的现象，从哥哥姐姐偶尔的取笑，到其他孩子更长时间的、带有伤害性的嘲弄，被人嘲笑的经历可谓多种多样。对孩子来说，被嘲笑是一件很痛苦的事情，会给孩子的心理带来一定的伤害。

伟伟8岁了，学习很好，可最近不知怎么了，总是找借口说不去学校了，今天说肚子痛，明天说头晕。于是妈妈带伟伟去医院看医生，可医生却查不出任何毛病来。

妈妈很担心，问伟伟："是不是学校里发生了一些烦心的事情呢？"伟伟回答说："没有啊。"妈妈觉得不对劲，一直观察着伟伟，发现爱玩的伟伟也不找小朋友玩了，就只待在家里。一天，妈妈再一次问他时，伟伟一下子哭了起来，告诉了妈妈不去学校的原因："我后面的同学是班里的小霸王，很多同学都被他欺负,他还总嘲笑我,叫我'书呆子',在我的衣服上贴上乌龟之类的图。我每天上课都心惊胆战。"妈妈继续问道:"你告诉老师了吗?""告诉了,可老师说让我自己去处理这个问题,后来我尝试着不理他,可这都不起任何作用。"

妈妈听后很生气,告诉了伟伟的爸爸,希望伟伟的爸爸去找班里的那个小霸王,然后再教训他一顿。可伟伟的爸爸并不同意妈妈的建议,他认为这会使孩子陷入困境。

对于孩子被嘲笑这件事,父母要认真对待。凡事不能过头,因为这会加重孩子自身的焦虑。尤其是当孩子看起来已经很伤心或者被嘲笑的缺陷确实存在时,父母的反应就尤为重要了。

其中,下面几种情况是父母不该有的反应。

(1)教孩子还击。这种方法只会让对方嘲笑得更厉害,还会使孩子学会一些不好的习惯。

(2)找对方理论。这种做法表面上是父母在帮孩子"争一口气",可实际上却可能会使自己的孩子遭到孤立。

(3)对孩子置之不理。父母可能认为这只是一件小事情,但其实孩子的心理承受能力远远不及大人,容易给孩子造成心理压力。

孩子被别人嘲笑的时候,通常会产生一系列的情绪,比如困惑、自责、愤怒、悲伤、挫折感和无力感等。孩子的心理所受的伤害程度取决于他被嘲笑的次数、是否触及自身存在的缺陷、父母和老师的处理方式、孩子自身的排解能力，以及最重要的一点是，他是否掌握了有效的应对方法。

那么，当孩子被嘲笑时，父母应教给孩子哪些有效的应对方法呢？具体有以下几个方面。

1. 向对方一笑了之

父母要教给孩子看到嘲笑中幽默的一面，反过来让嘲笑他的孩子感到嘲笑别人的行为很愚蠢。当然，这并不是让孩子反过来嘲笑对方，激怒他，而是把嘲笑别人看作是愚蠢的行为，让嘲笑者看到嘲笑并不能使人难过。

孩子可以这样回应对方："说点我不知道的吧。""你能做的就这些吗？""你这招已经过时了。"

2. 酷酷地走开

研究表明，无视这种令自己不快的嘲笑行为，能够有效减少别人对自己的嘲笑。当孩子被人嘲笑时，父母应教孩子不要理会嘲笑，而要酷酷地走开，这样就能让对方立刻停止嘲笑。

3. 向对方提出一个不相关的问题

让孩子向对方提出一个不相关的问题，是一个很有效的应对嘲笑的方法。比如,嘲笑者对孩子说:"你走起路来真像只鸭子。"可以让孩子回应说:"你知道现在几点了吗?"然后走开。这个不相关的问题会让嘲笑者感到惊讶,同时也会立刻使嘲笑行为停止。

4. 让孩子接受事实

生活中,被人嘲笑这种事情会经常发生,这是客观事实,父母引导孩子接受这个事实很重要。孩子无法控制别人的嘲笑,但能控制自己的反应。

5. 寻找信赖的人

父母要告诉孩子:"如果被继续嘲笑或给自己带来的伤害很大,应该寻找自己信赖的人,然后向他们倾诉自己的感受并寻求支持和帮助。"

6. 大声说出来

比如,孩子不喜欢被开玩笑或被贴上"书呆子""球迷"之类的标签,要让孩子大声说出来,但一定要告诉孩子以一种尊重朋友的方式来表达自己的想法。

最后,当孩子被嘲笑得很严重时,比如遭受情感和言语的暴力、恐吓等,就需要父母介入处理了。父母可以采取这样的步骤:找孩子的班主任谈话;让孩子与朋友在一起,以避免被再次欺负；告诉孩子要拒绝被嘲笑者的要求；参加家长会，得到其他父母的支持；等等。

给父母的话

每个孩子都有自己的底线，在解决问题之前，父母首先要知道孩子最怕别人嘲笑什么。主要有以下几点：①一些如尿床、磨牙之类的毛病；②某些身体缺陷，比如脸丑、眼小、过胖、矮小等；③被体罚的经历；④之前的过错；⑤一些如多动症、抑郁症等与心理有关的疾病。

测试一　您的孩子了解自己吗

您的孩子了解自己吗？比如，孩子知道什么会让他感到有压力吗？在一天的不同时期或不同的活动中，孩子会有什么样的感觉？当孩子感到焦虑、生气、失望和不知所措时，孩子是如何平静下来的？您可以找个时间让孩子思考一下下面的几道题目。

1. 当你感到紧张、失望时，你_____

　A. 不知道怎么办

　B. 希望别人注意到自己有压力，并主动来帮自己

　C. 希望有一些放松的活动，因为这会使你镇静下来并且让心里舒服很多

2. 当你在和朋友吃饭时，突然感到心烦意乱和紧张，你____

　A. 通常不考虑或者没注意到

B. 注意到自己的紧张和分神，但并不确定是什么原因造成的

C. 注意到自己的紧张，并知道是什么原因，比如自己为下午的演讲比赛而担心

3. 当你感到有压力时（比如马上要期末考试了），你_____

A. 不知道该怎么办

B. 可能会不自觉地双腿打战、目光游离，当别人指出来，自己才会意识到

C. 知道自己什么时候感到有压力，并且也知道有压力时自己该怎么办

4. 当你感到不知所措时，你_____

A. 将情绪隐藏起来，不告诉别人

B. 想告诉自己相信的人，但不知道怎么开口

C. 知道如何与自己信赖的人交流自己的感情

5. 有时候，一些场景会让自己感到有压力，你_____

A. 不知道自己的压力触发源

B. 知道自己的压力触发源，但不能经常预测是否会产生压力

C. 知道一些常见的情况会让自己感到有压力，所以在那些情况下，你会努力找到放松的方法而不会感到有压力

> **结果分析**

如果孩子选择A较多：您的孩子仍然在了解自己和让他感到有压力的认识中。

如果孩子选择B较多：您的孩子比较了解自己，或许学习更多的自我平静和解决压力的方法会对孩子更有好处。

如果孩子选择C较多：您的孩子清楚地知道什么让他感到有压力，什么让他感到紧张，他对自己很了解。

> **提升孩子的自我认知**

人的一生都在进行自我认知，它是一个漫长的过程。因此，自我认知可以说是贯穿人一生的重要的基础能力。那么，父母如何在家庭教育中帮助孩子提升对自我的认知，帮助孩子分析自己的长处和短处，更好地认识到自己是个怎样的人呢？可以从以下几点着手。

1. 在目标的制订和执行中调整自我认知

在制定目标的过程中，我们很容易看到孩子对自己能力的认知是偏高还是偏低。在这里，我们不用进行干扰，而是通过和他分析自己的行为结果，来让孩子对自己有一个准确的认识。孩子经过对自我认识的调整后，能更好地做出自己能够达到的目标和计划。这样一来，孩子的目标达成率就会提高，孩子的自信心将会自然得到激发，他也就有了更多提高能力的机会。

2. 鼓励孩子自我反省和自我评价

比如，晚上睡前和孩子一起简单回顾一天的活动，分析做得满意的地方和不满意的地方。在这个过程中，父母可以做示范，先对自己的某些事情进行反省，比如告诉孩子"我也许应该换一种方式来做这件事情"，孩子从中可以学习到以类似的方式进行内省。父母不要总是评价孩子，当孩子完成某件事情时，试试让他来谈谈自己是如何看待这件事情的。比父母的评价更重要的是，孩子如何看待自己和自己所做的事情。

3. 帮助孩子认识自己的心理感受

在和孩子的聊天中，父母可以和他交流哪些事情是他最喜欢的、最烦恼的、最不开心和最有成就感的。在孩子看电视、看电影和接触到各类信息时，与其交流感受。让孩子把自己的感受表达出来，同时父母需要帮助孩子总结和归纳他的感受，这能让孩子更好地了解自己，逐渐地他就能够根据自己的喜好和需要进行选择了。

4. 树立起孩子的自信，强化孩子的自我肯定

当孩子不自信的时候，父母要引导孩子肯定自己。除了语言上的鼓励，还可以专门为孩子设计一个功劳簿，让孩子把自己做好的事情写下来，把自己的努力记录下来，并及时给孩子一些鼓励。这样，孩子的自我否定就会越来越少了。

聪明的父母还应该经常帮助孩子总结一些积极的语言，让孩子学会自我激励。如果孩子经常用这些话语给自己打气，这些话就会进入孩子的潜意识中，成为孩子战胜困难的动力。

孩子的自我认知不是一蹴而就的，而会是一个缓慢的进程，因此，帮助孩子认识自己的时候，父母千万不要着急，而要一切慢慢来。

测试二　儿童情绪健康自测

情绪健康是心理健康的标志之一,孩子的情绪是否处于健康状态,可以通过下面的小测试来判断。

回答下列问题,答案为"是"得1分,答案为"否"不得分。

1. 孩子是否经常因为一点小事而生气动怒,甚至大发雷霆?

2. 孩子是否经常闷闷不乐,即便大人逗他,也很难展露笑容?

3. 孩子是否经常胃口不好,吃不下东西?

4. 孩子睡觉时是否经常做噩梦,并时常被惊醒?

5. 孩子是否经常莫名其妙地哭泣,却又说不出原因?

6. 孩子是否不太喜欢与别人打交道,很少甚至几乎没有好朋友?

7. 孩子做一件事的时候是否经常走神、不专心?

8. 孩子是否有吮手指的坏习惯？

9. 孩子是否有一点不顺心的事就长时间沉默？

10. 孩子是否很少和父母谈心？

11. 孩子是否经常控制不住自己的情绪，但事后又后悔、内疚？

12. 孩子每天上学时是否会哭闹？

13. 孩子是否没有自信，遭到嘲笑就妄自菲薄、一蹶不振？

14. 孩子是否经常找借口逃避去学校？

15. 孩子是否害怕黑暗，不敢一个人待在房间，不敢独自入睡？

16. 孩子是否害怕一些寻常的事物，如兔子、猫等小动物？

17. 孩子是否会嫉妒别人，甚至用语言攻击对方？

18. 孩子是否总喜欢黏着一个人，如妈妈、奶奶等经常照顾他的人？

19. 孩子是否经常因困惑不如别人而自卑？

20. 孩子是否喜欢参加集体活动？

结果分析

将以上问题所得分数相加，如果得分在0~6分，说明您的孩子情绪很正常，是一个心理健康的孩子。

得分在7~13分，说明您的孩子在情绪上存在一些消极倾向，应及时加以引导和帮助。

得分在14～20分，说明您的孩子情绪极不稳定，甚至心理健康也存在一定问题，最好寻求心理专家和儿童教育专家的专业指导，帮助孩子尽早消除负面情绪。

儿童情绪管理法

儿童心理学专家指出，孩子6岁前如果无法了解、认识和学习掌控自身的情绪，就会导致负面情绪不断，对孩子今后的成长产生负面影响。因此，父母应当引导孩子学会情绪管理。具体可以从以下几点做起。

1. 认知法

学会识别自身的情绪是情绪管理的第一步。我们要有意识地教会孩子了解并识别各种情绪，如快乐、愤怒、悲伤、抑郁等，并教导孩子准确表达自己的情绪。事实证明，孩子越能准确地表达自己的情绪，就越能够和大人顺畅地沟通，也越能有效地解决情绪问题。

2. 共情法

共情是走进孩子心灵的桥梁。只有让孩子感受到父母对他情绪的理解，孩子才会愿意向父母敞开心扉。大人要认可孩子的情绪，对孩子的情绪感同身受，而不是一味地讲大道理，只有这样，孩子才会愿意向父母倾诉，父母也才能有机会教孩子管理自己的情绪。

3. 接纳法

情绪有积极和消极之分。当孩子出现各种消极情绪时，父母要学会接纳和理解，不要否定和压抑孩子的情绪。只有当孩子感受到父母对自己无条件的爱和接纳时，孩子才会有足够的安全感和自信心，才能不断自我成长以及拥有学习情绪管理的能力。

4. 体验法

游戏是孩子成长教育的方式之一，父母可以让孩子通过游戏的方式来感知情绪、了解情绪。通过亲身体验的方式，孩子能逐步领悟到积极情绪的正面作用和消极情绪的负面作用，从而更好地表达情绪与控制情绪。

5. 表扬法

表扬和鼓励可以帮助孩子建立自信，强化好的行为，遏制坏习惯，这是促进孩子成长和前进的动力。对于孩子好的表现和行为，我们要及时加以肯定，可以给予孩子精神鼓励或物质奖励。当然，表扬要适度，要言之有物，只有这样才能对孩子起到指导作用。

6. 批评法

批评和惩罚也是一种教育手段,但惩罚不等同于体罚,更不是威胁恐吓、发怒抱怨。对于孩子乱发脾气,甚至采取自伤自残等不良情绪的发泄方法,要采用科学的惩罚态度,理性、冷静而坚定地阻止孩子的错误行为。

7. 积分法

对于孩子的某些正向行为或情绪,如果表现得好,就积1～3分,当积分达到某个约定的数字时,父母可兑现孩子的一个正当愿望,借此来鼓励孩子。积分法可操作性强,目标明确,而且能循序渐进地强化孩子的良好行为,是一种比较科学有效的教育管理方法。积分的累计效应有助于培养孩子的自我控制能力和自我监督意识,获得成功后又能增强孩子的自信心与成就感,并逐渐内化为孩子的自觉行为。

8. 契约法

对于家庭成员应该共同承担的责任和义务,父母与孩子可以制订一份"契约",虽然这并不具有法律效力,但是对父母和孩子来说都具有约束力。契约体现了亲子之间平等、公正、尊重和诚信的关系,避免了父母口说无凭、随意更改等情况的发生,这些对提高孩子的自我控制能力有很好的促进作用。

9. 系统脱敏法

想要消除孩子的紧张、恐惧和焦虑情绪，系统脱敏法是一个不错的选择。将引起孩子紧张、恐惧和焦虑的事物一点点呈现在孩子面前，从局部到整体，逐渐消除孩子对这一事物的不良反应，提高孩子的心理承受能力，有助于帮助孩子恢复并保持正常的情绪与心理状态。

10. 宣泄法

当孩子陷入不良情绪时，一定要教导孩子悲伤的时候不必强忍泪水，愤怒的时候可以边跑边高声喊，抑郁的时候要向爸爸妈妈或者好朋友倾诉……只要不伤害自己、不伤害他人，一切情绪宣泄都是可以理解和接受的。只有将不良情绪及时宣泄出来，孩子才能获得心灵上的安定，建立积极向上的正面情绪。

测试三　儿童抗挫折能力测试

下面是有关儿童抗挫折能力的评估测试,一共有15道题,每道问题的得分为0~3分,做完之后,计算总得分。

评分标准

0分代表"孩子从来没有"。

1分代表"孩子偶尔有,一个月不超过一次"。

2分代表"孩子比较常有,一周至少一次"。

3分代表"孩子经常有,每天或者一周多次"。

测试内容

1. 孩子遇到麻烦,责怪他人。
2. 孩子沮丧的时候会扔、砸东西。
3. 孩子每次生气的时候,要花很长时间安慰才能让其平静下来。

4. 孩子不喜欢改变,一旦有所改变就会很生气。

5. 孩子和别人一起玩时会改变既定的游戏规则。

6. 孩子受挫时,会说一些狠话。

7. 当孩子被要求做某些事情时,他会非常抗拒,而这时候遵守纪律成了一个僵局。

8. 孩子总是能发现让自己沮丧的事情,即使一切风平浪静。

9. 孩子会排斥、轻视、抱怨他人。

10. 孩子生气的时候会失去控制,通过肢体、表情表现出来。

11. 孩子生气的时候,会说出不当的语言。

12. 当孩子学习新知识时,他会很容易受挫,并且想做别的事情。

13. 孩子很顽固,不喜欢被指派做事情,除非你用很温和的语气或者手段。

14. 孩子的朋友不喜欢和他一起玩,因为他种种不好的表现。

15. 孩子容易和别人打架,如果被嘲笑,他很难控制好情绪。

结果分析

0~5分：孩子不容易受挫，情绪控制很好。

6~10分：孩子抗挫能力正常。

11~15分：孩子抗挫能力比正常水平差一些。

16~20分：孩子的抗挫能力较差。

21分及以上：孩子有一颗"玻璃心"，建议及时找心理专家寻求帮助。

测试四　您的孩子有足够的信心吗

成功的前提是自信,一切的失败都源于恐惧。孩子拥有积极的态度可以让他勇敢地克服一切困难;相反,孩子消极的心理会阻碍他成长的脚步。其实,每个孩子都有自己优秀的一面,父母要从不同的角度去观察孩子,要学会用赏识的眼光去看待孩子,这样才能帮他培养出自信心。

那么,您的孩子是否有足够的自信呢?请让孩子快速回答下面的问题。如果回答"是"则计1分,回答"否"则计0分。

1. 一旦你下定决心,即使没有人赞同,你仍然会坚持做到底吗?

2. 参加聚会时,即使很想上洗手间,你也会忍着直到聚会结束吗?

3. 如果想买内衣,你总是让家人买,而不亲自到店里去吗?

4. 你认为自己是个好学生吗?

5. 如果店员的服务态度不好，你会告诉他的经理吗？

6. 你不欣赏自己的照片吗？

7. 别人批评你，你会觉得难过吗？

8. 你很少对人说出你真正的意见吗？

9. 对来自别人的赞美，你持怀疑的态度吗？

10. 你总是觉得自己比别人差吗？

11. 你对自己的外表满意吗？

12. 你认为自己的能力比别人强吗？

13. 在聚会上，只有你穿得不正式，你会觉得不自然吗？

14. 你是个受欢迎的人吗？

15. 你认为自己很有魅力吗？

16. 你有幽默感吗？

17. 目前所学的功课都是你喜欢的吗？

18. 你懂得搭配衣服吗？

19. 危急时，你会保持冷静吗？

20. 你与别人合作无间吗？

21. 你认为自己只是个寻常人吗？

22. 你经常希望自己长得像某人吗？

23. 你经常羡慕别人的成就吗？

24. 你会为了不使别人难过而放弃自己喜欢做的事吗？

25. 你会为了讨好别人而打扮吗？

26. 你会勉强自己做许多不愿意做的事吗？

27. 你任由他人来支配你的生活吗？

28. 你认为你的优点比缺点多吗？

29. 你经常跟人说抱歉吗？

30. 如果在非故意的情况下伤了别人的心，你会难过吗？

31. 你希望自己具备更多的才能和天赋吗？

32. 你经常听取别人的意见吗？

33. 在聚会上，你经常等别人先跟你打招呼吗？

34. 你每天照镜子超过三次吗？

35. 你的个性很强吗？

36. 你是个优秀的领导者吗？

37. 你的记性很好吗？

38. 你对同龄的孩子有着很强的吸引力吗？

39. 你懂得理财吗？

40. 买衣服前，你通常先听取别人的意见吗？

结果分析

25～40分：说明孩子对自己很有信心，很了解自身的优点和缺点。但要提醒父母的是，如果孩子得分接近满分的话，说明孩子可能太自信，别人会认为他骄傲自大。如果是这种情况，在教育孩子的过程中，父母应告诉孩子，不妨在别人面前谦虚一些，这样才能收获友谊。

12～24分：说明孩子还是有自信的，但他可能会多多少少缺乏安全感。在教育孩子的过程中，父母不妨告诉孩子，他在所表现出的优势方面并不输给别人，要多看自己的优势。

11分及以下：说明孩子不太自信。孩子过于谦虚和自我压抑，因此经常受到他人的支配。在教育孩子的过程中，父母要告诉孩子，要多看自己好的方面，尽量不要去想自己不好的方面，这样别人才会真的看重自己。

测试五　儿童心理健康测试

本测试一共15道题,回答"是"计1分,回答"否"计0分。

1. 孩子能否轻易被逗笑?
2. 孩子是否经常耍脾气?
3. 孩子能否安静地躺下睡觉?
4. 孩子是否总把家人激怒?
5. 孩子是否挑食?
6. 孩子的饭量是否稳定?
7. 孩子吃饭时是否经常耍脾气?
8. 孩子有没有要好的小朋友?
9. 孩子是否经常失去自制力?
10. 孩子是否总是需要看管?
11. 孩子能否做到夜间不尿床?
12. 孩子是否有吮手指的习惯?

13. 孩子是否经常抽噎、啜泣？

14. 孩子能否安静地独自待一会儿？

15. 孩子是否有恐惧心理？

结果分析

11～15分：孩子的心理状态较好。

6～10分：孩子的心理状态正常。

0～5：孩子的心理状态较差。

培养儿童健康心理"十不要"

（1）不要过分关心孩子。这样做容易使孩子过度以自我为中心，结果成为自高自大的人。

（2）不要贿赂孩子。要让孩子从小知道权利与义务的关系，不尽义务就不能享受权利。

（3）不要太亲近孩子。应该鼓励孩子和同龄人一起生活、学习、玩耍，这样才能学会与人相处的方法。

（4）不要勉强孩子做一些不能胜任的事情。孩子的自信心多半是由做事成功而来的。

（5）不要对孩子太严厉、苛求甚至打骂，这样会使孩子形成自卑、胆怯、逃避等不健康心理。

（6）不要欺骗和恐吓孩子。

（7）不要在小伙伴面前当众批评或嘲笑孩子，这样会造成孩子怀恨和害羞的心理。

（8）不要过分夸奖孩子。过分夸赞会使孩子沾染沽名钓誉的不良心理。

（9）不要对孩子喜怒无常，这样会使孩子敏感多疑、情绪不稳、胆小畏缩。

（10）不要代替孩子解决困难。要帮助孩子去分析他所处的环境。帮助孩子解决困难时，应教会孩子分析问题、解决问题的方法。

家庭是儿童心理承受能力养成的起点

尽管孩子拥有许多天赋和能力,但仅靠他自己培养心理承受能力还是有一定困难的。每一个孩子都需要有爱心的大人的引导和支持,而要想把孩子培养成内心强大的人,则需要各个层面的共同努力。

其中,家庭是培养孩子心理承受能力的起点,父母是孩子生命中最重要的人。从婴儿时期到幼儿时期,再到青少年时期,父母的行为对孩子的身心健康、长大后事业的成功、生活的幸福与美满有着重大的意义。无论孩子处在什么年龄段,任何时候运用本书中的方法都能培养孩子的心理承受能力。相信您付出的努力会受益无穷。